Materialwirtschaft und Einkauf

Band 1: Grundlagen und Methoden

Von
Professorin
Dr. Ruth Melzer-Ridinger

3., verbesserte Auflage

W0402625

R. Oldenbourg Verlag München Wien

Die Deutsche Bbiliothek – CIP-Einheitsaufnahme

Melzer-Ridinger, Ruth:
Materialwirtschaft und Einkauf / Ruth Melzer-Ridinger. –
München ; Wien : Oldenbourg
Bis 2. Aufl. u.d.T.: Melzer-Ridinger, Ruth: Materialwirtschaft

Bd. 1. Grundlagen und Methoden. – 3., verb. Aufl. – 1994
ISBN 3-486-23057-3

© 1994 R. Oldenbourg Verlag GmbH, München

Das Werk einschließlich aller Abbildungen ist urheberrechtlich geschützt. Jede Verwertung außerhalb der Grenzen des Urheberrechtsgesetzes ist ohne Zustimmung des Verlages unzulässig und strafbar. Das gilt insbesondere für Vervielfältigungen, Übersetzungen, Mikroverfilmungen und die Einspeicherung und Bearbeitung in elektronischen Systemen.

Gesamtherstellung: Grafik + Druck, München

ISBN 3-486-23057-3

Inhaltsverzeichnis

Vorwort zur 3. Auflage

Band 1: „Grundlagen und Methoden" der Reihe „Materialwirtschaft und Einkauf" ist aus dem Bedürfnis heraus entstanden, den Planungsprozeß und die Aufgaben der Materialwirtschaft systematisch und in ihrem sachlichen Zusammenhang darzustellen. Die Konzeption des Buches wurde mit mehreren Generationen von Studenten „erprobt". Sie wird dadurch bestätigt, daß die ersten beiden Auflagen in relativ kurzer Zeit vergriffen waren.

In Vorbereitung ist Band 2: „Strategischer Einkauf, Qualitäts- und Kostenmanagement im Einkauf", in dem die Bedeutung aktueller Themen wie Total Quality Management, Zertifizierung nach ISO 9000, prozessorientiertes Kostenmanagement und Target Costing für die Beschaffung dargestellt werden.

Abbildungsverzeichnis

Abkürzungsverzeichnis

A	....	mittleres Alter der Bedarfwerte
B	....	Bedarf pro Zeiteinheit
B	....	Erwertungswert des Bedarfs
BEZ	....	Bedarf im Eindeckungszeitraum
BK	....	Bestellkosten
c.p.	....	ceteris paribus
EP	....	Einstandspreis
EZ	....	Eindeckungszeitraum
i	....	Zinssatz
J	....	Jahresbedarf
k	....	Sicherheitsfaktor
K	....	relevante Gesamtkosten
KM	....	korrigierter Mittelwert
LBG	....	Lieferbereitschaftsgrad
LHK	....	Lagerhaltungskostensatz
LK	....	Lagerkosten
M	....	arithmetisches Mittel
MAD	....	mittlere absolute Abweichung
MK	....	Materialkosten
Q	....	Bestellmenge
s	....	Meldebestand
S	....	Bestellniveau (Höchstbestand)
SB	....	Sicherheitsbestand
SZ	....	Sicherheitszeit
STA	....	Standardabweichung
t	....	Bestellintervall, Zeit
V	....	Bedarfsvorhersage
w	....	Anzahl Bedarfswerte
α	....	Gewichtungs-, Glättungsfaktor

I. Begriffs- und Kompetenzabgrenzungen für die Materialwirtschaft

1. Mögliche Begriffs- und Kompetenzabgrenzungen für die Materialwirtschaft

In der betriebswirtschaftlichen Theorie und Praxis ist eine außerordentliche Begriffsvielfalt für die in Zusammenhang mit der Beschaffung und Verteilung von Gütern anfallenden Aufgaben zu beobachten. Diese Begriffsvielfalt ist eng verbunden mit unterschiedlichen Kompetenzabgrenzungen; daher erscheint es notwendig, einige der am häufigsten verwendeten Begriffe zu erläutern und gegeneinander abzugrenzen.

Zur Aufgabe der **Beschaffung** (im anglo-amerikanischen Schrifttum procurement) gehören alle Aktivitäten, die zur Bereitstellung der benötigten Produktionsfaktoren (der Beschaffungsobjekte) für die Fertigung erforderlich sind. Dazu zählen neben den

- Erzeugnisstoffen,
- Betriebsstoffen und
- Handelswaren, die unter dem Begriff **Material** zusammengefaßt werden, auch

- Betriebsmittel,
- Personal und
- Kapital.

Die Aufgabe der Beschaffung umfasst die Teilfunktionen

- Beschaffungsmarktforschung
- Bedarfsprognose und -gestaltung
- Bestellmengen- und -zeitpunktermittlung
- Lieferantenwahl, Vertragsgestaltung und Bestellabwicklung (Einkauf)
- Wareneingangskontrolle
- Lagerung
- Transport.

Beschaffung ist daher als Oberbegriff zu verstehen.

In Wissenschaft und Praxis wird der Gegenstand der Beschaffung in der Regel eingeengt auf Sachgüter, die oben als Material bezeichnet wurden und umfasst häufig auch die Beschaffung von Betriebsmitteln. Die Beschaffung von finanziellen Mitteln wird dagegen der Finanzwirtschaft, die Beschaffung von Arbeitsleistungen der Personalwirtschaft zugeordnet.

Das Ziel der Beschaffung besteht in der Erreichung des sog. materialwirtschaftlichen Optimums, das die Bereitstellung der

- richtigen Güter, in der
- richtigen Qualität, in der
- richtigen Menge, am
- richtigen Ort, zur
- richtigen Zeit, zu
- minimalen Kosten verlangt.

Mit dem Begriff **Materialwirtschaft** (materials management) sind unterschiedliche Vorstellungen verbunden:

Weitgehend deckungsgleich sind die Begriffe Beschaffung und Materialwirtschaft dann, wenn eine enge Begriffsfassung und Kompetenzabgrenzung der Materialwirtschaft gewählt wird. Materialwirtschaft umfasst in diesem Falle alle Aufgaben, die zur Versorgung der Produktion mit Material erfüllt werden müssen. Die Zuständigkeit der Materialwirtschaft endet damit (wie die der Beschaffung) mit der Übergabe der Güter an die erste Fertigungsstufe.

In einer erweiterten Begriffs- und Kompetenzabgrenzung wird die Zuständigkeit der Materialwirtschaft um die Aufgaben Entsorgung und Warenverteilung erweitert.

Unter **Entsorgung** werden alle Tätigkeiten verstanden, die zur Verwertung oder Beseitigung von überschüssigem Material, Ausschuß, Abfall und überalterten Fertigprodukten notwendig sind. Hierzu zählen die Sammlung, Lagerung und Verwaltung der Entsorgungsgüter und die Disposition hinsichtlich Wiederverwendung, Beseitigung oder Verkauf.

Die Aufgabe der **Warenverteilung** umfasst alle Aktivitäten von der Fertigstellung der Produkte bis zur Übernahme der Produkte durch die Abnehmer. Im einzelnen umfasst die Warenverteilung die Lagerung, Verpackung, Kommissionierung, Auftragsbearbeitung und den Transport zum Abnehmer.

Die **Warenverteilung** verfolgt das Ziel, den Abnehmern den gewünschten Lieferservice (gemessen durch die Länge der Lieferzeit und die Zuverlässigkeit ihrer Einhaltung bzw. die Lieferbereitschaft und die Zuverlässigkeit bei der Auftragsdurchführung) zu minimalen Kosten anzubieten.

In der weitesten Begriffs- und Kompetenzabgrenzung, die als **integrierte Materialwirtschaft** bezeichnet wird, umfasst die Materialwirtschaft die Gesamtheit aller Funktionen, die in Zusammenhang mit der Steuerung des gesamten Material- und Güterflusses vom Lieferanten, durch die Fertigungsstufen bis zur Auslieferung der Fertigwaren an die Abnehmer stehen.

Über die Beschaffung, Warenverteilung und Entsorgung hinaus umfasst der Zuständigkeitsbereich der integrierten Materialwirtschaft damit die ablaufplanerischen Tätigkeiten, die den Fluß der Materialien und Halbfabrikate zwischen den Fertigungsstufen steuern: die Fertigungssteuerung mit ihren Teilaufgaben Losgrößenplanung und Reihenfolgeplanung.

Die Objekte der integrierten Materialwirtschaft sind demnach

- Material
- Halbfabrikate
- Handelsware
- Fertigprodukte
- Abfallstoffe.

Der Begriff der integrierten Materialwirtschaft ist gleichbedeutend mit dem Begriff der betrieblichen Logistik, deren Aufgabe Lagerung, Transport und Umschlagsprozesse innerhalb des Unternehmens und zwischen Unternehmen und Umwelt umfasst.

Die folgende Abbildung zeigt die dargestellten Zusammenhänge und Abgrenzungen im Überblick:

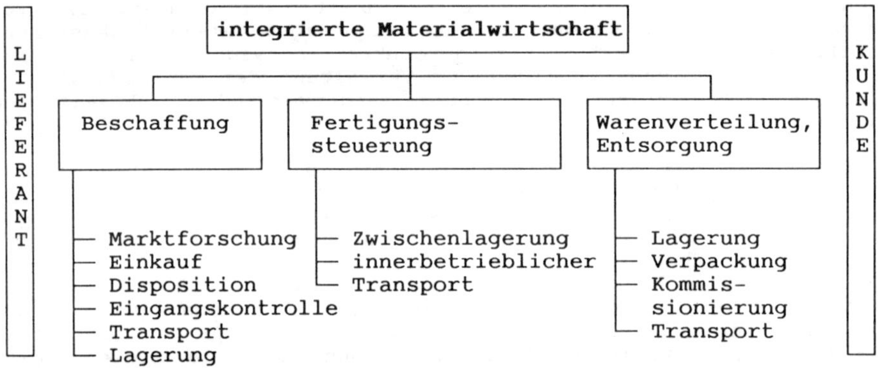

Abb. 01: Integrierte Materialwirtschaft und ihre Teilfunktionen

In den nachfolgenden Ausführungen wird die Materialwirtschaft in der oben definierten engen Begriffsfassung verstanden: Ihre Kompetenz endet mit der Übergabe des Materials an die erste Fertigungsstufe. Materialwirtschaft und Beschaffung werden also synonym verwendet.

2. Aufgaben und Ziele der Beschaffung

Die Aufgabe der Beschaffung umfasst die Vorbereitung, Durchführung und Kontrolle der Vorgänge zur Bereitstellung des benötigten Materials und häufig der Betriebsmittel für die Fertigung.

Zu den Beschaffungsobjekten, den verschiedenen Materialarten zählen:

(1) **Erzeugnisstoffe**: Güter, die in das Endprodukt eingehen und einen wesentlichen (Erzeugnishauptstoffe) oder nur einen unwesentlichen (Erzeugnishilfsstoffe) Bestandteil des Endprodukts bilden.

(2) **Betriebsstoffe**: Güter, die nicht in das Endprodukt eingehen, jedoch zur Aufrechterhaltung der Leistungserstellung verbraucht werden; hierzu zählen neben Brennstoffen, Schmiermitteln, Reinigungsmitteln u.ä. auch Büromaterial, Verschleißwerkzeuge und Ersatzteile.

Sowohl Erzeugnisstoffe wie Betriebsstoffe können entweder Rohstoffe, also noch nicht be- oder verarbeitete Stoffe (z.B. Stahl, Holz, Öl) oder Fertigstoffe sein, also Stoffe, die durch Vorleistungsbetriebe bereits einer Bearbeitung unterzogen wurden (z.B. Bleche, Bretter, Strom).

(3) **Handelswaren**: Güter, die unbearbeitet dem Endprodukt zugefügt werden (z.B. die Erste-Hilfe-Ausrüstung im PKW).

Die Aufgabe der Materialbereitstellung umfasst zwei Aspekte:

Die **technische Dienstleistungsaufgabe** der Beschaffung besteht in der Sicherung der Versorgung der Fertigung; hierzu ist das von der Fertigung benötigte Material, d.h.

- das "richtige" Material, in der benötigten Menge und Qualität, d.h.
- die "richtige" Qualität und
- die "richtige" Quantität am
- "richtigen" Ort und zum gewünschten Fertigungstermin,
- d.h. zum "richtigen" Zeitpunkt zur Verfügung zu stellen.

Eine besondere Bedeutung hat dabei die termingerechte Bereitstellung des Materials. Der Grad der Erfüllung dieser Aufgabe der Beschaffung wird mit der Kennzahl "Lieferbereitschaftsgrad" (LBG) gemessen:

$$\text{LBG} = \frac{\text{Anzahl der termingerecht befriedigten Materialanforderungen}}{\text{Gesamtzahl der Materialanforderungen}}$$

Zur Erfüllung der technischen Aufgabe der Beschaffung sind Entscheidungen zu treffen,

- was (welches Material),
- wo (bei welchem Lieferanten),
- wieviel (Bestellmenge),
- wann (Bestellzeitpunkt) und
- wie (Vertragsgestaltung, Transportmittel und -weg)

beschafft werden soll.

Die Sicherung der Lieferbereitschaft gegenüber der Produktion stellte in der Regel kein Problem dar, wenn jeweils die beste Qualität mit den schnellsten und zuverlässigsten Transportmitteln beschafft würde und größtmögliche Mengen gelagert würden.

Die Erfüllung des materialwirtschaftlichen Optimums verlangt jedoch über die Erfüllung der technischen Aufgabe hinaus, daß die oben genannten Entscheidungen so zu treffen sind, daß sie möglichst geringe Kosten verursachen - dieser Aspekt ist die **ökonomische Beschaffungsaufgabe**.

Die für die Beschaffung **relevanten Kosten** - das sind die Kosten, die durch Beschaffungsentscheidungen beeinflußt werden - können in 4 Kategorien eingeteilt werden:

(1) **direkte Materialkosten**: hierunter ist der Betrag zu verstehen, den der Lieferant der Unternehmung in Rechnung stellt. Die direkten Materialkosten errechnen sich aus dem Einstandspreis pro Mengeneinheit multipliziert mit der beschafften Menge. Bei der Bestimmung des Einstandspreises ist zu berücksichtigen, daß dieser häufig nicht mit dem Angebotspreis des Lieferanten übereinstimmt. Vielmehr muß der Angebots- oder Listenpreis des Lieferanten um die sog. Preisnebenbedingungen bereinigt werden; solche Nebenbedingungen beziehen sich auf die Abnahmemenge (daraus resultieren Mindermengenzuschläge bzw. Mengenrabatte), auf die Liefermodalitäten (daraus resultieren Frachtkosten, Versicherungskosten, Verpackungskosten), auf die Zahlungsbedingungen (daraus resultieren Finanzierungskosten oder Skonto) und auf andere vom Lieferanten benutzte absatzpolitische Instrumente wie Treuerabatte, Sonderaktionen u.ä. Die Berechnung des Einstandspreises kann nach dem folgenden Schema erfolgen:

	Angebotspreis
+	Mindermengenzuschlag bzw. - Mengenrabatt
-	Rabatte und Boni
+	Fracht-, Transport-, Versicherungskosten
+	interne Kosten der Wareneingangsprüfung (erhöhte)
-	Skonto bzw. + Finanzierungskosten
=	Einstandspreis

(2) **Bestellkosten:** hierunter sind die Kosten zu verstehen, die innerhalb der beschaffenden Unternehmung im Zusammenhang mit der Bestellabwicklung anfallen. Zur Vorbereitung und Durchführung der Beschaffung fallen insbesondere Personalkosten in der Einkaufsabteilung, Telefon- und Portokosten, EDV-Kosten und Kosten der Wareneingangs- und Rechnungsprüfung an.

(3) **Lagerkosten:** Die Lagerung von Material verursacht zum einen **fixe** Kosten der Lagerung - das sind Kosten, die (kurzfristig) unabhängig davon entstehen, welche Menge gelagert wird - zum anderen **variable** Kosten der Lagerhaltung - das sind Kosten, deren Höhe direkt von dem Wert der gelagerten Güter bestimmt wird. Zu den fixen Lagerkosten gehören die Raumkosten, Miete bzw. Abschreibung der Lagereinrichtung, Kühlung, Heizung, Beleuchtung und Personalkosten der Lagerverwaltung. Variable Kosten der Lagerung werden in erster Linie durch die Zinskosten des im Lager gebundenen Kapitals verursacht, aber auch durch Versicherung, Schwund, Verderb und Veralterung.

(4) **Fehlmengenkosten:** von einer Fehlmenge wird dann gesprochen, wenn die Beschaffung das angeforderte Material nicht termingerecht am gewünschten Ort in der gewünschten Menge und Qualität zur Verfügung stellen kann. Fehlmengenkosten können zum einen zur Vermeidung einer Fehlmenge, zum anderen durch das Entstehen einer Fehlmenge verursacht werden. Kosten zur Vermeidung einer Fehlmenge entstehen dann, wenn die Gefahr einer Fehlmenge rechtzeitig erkannt wird und geeignete Maßnahmen zu ihrer Vermeidung eingeleitet werden; hierbei können Kosten entstehen in Form von zusätzlichen Fracht- oder Transportkosten durch Eilbestellungen, zusätzliche direkte Kosten durch Kauf bei einem Lieferanten mit kürzerer Lieferzeit aber höheren Preisen und höheren Bestellkosten. Ist eine Fehlmenge entstanden, sind Art und Höhe der Fehlmengenkosten abhängig von der Auswirkung der Fehlmenge. Ist die Fehlmenge Ursache für einen Stillstand der Produktion, entstehen zunächst Opportunitätskosten nicht beschäftigter Maschinen und Arbeiter. Zusätzliche Kosten in der Produktion entstehen auch dann, wenn durch Überstunden oder Sonderschichten die ausgefallene Produktion nachgeholt wird. Fehlmengenkosten können darüber hinaus im Absatz entstehen.Die hierbei entstehenden Kosten weisen wiederum vielfältige Formen auf, die abhängig sind von den

Wirkungen des Produktionsausfalls und den Reaktionen des Absatzes und der Kunden. Versucht der Absatz die negativen Folgen des Produktionsausfalls durch eine Verkürzung der Transportzeit zu mildern, entstehen Fehlmengenkosten in Form von Eilfrachten, zusätzlichen Transportkosten für schnellere Transportmittel u.ä. Hat der Produktionsausfall eine Verzögerung der dem Kunden zugesagten Lieferzeit zur Folge oder verursacht der Produktionsausfall eine Fehlmenge im Absatzlager, können je nach Reaktion des Kunden Fehlmengenkosten in Form von Konventionalstrafen auftreten oder als Opportunitätskosten entgangener Aufträge und entgangenen zukünftigen Umsatzes durch Image-Verlust.

Wie die nachfolgenden Ausführungen zeigen werden, verhalten sich die Ziele Sicherung der Materialbereitstellung für die Fertigung (Lieferbereitschaft) und Minimierung der Materialbereitstellungskosten häufig konfliktär. Diese konfliktäre Zielbeziehung äußert sich darin, daß nicht beide Ziele zugleich in bestmöglicher Form erreicht werden können; vielmehr ist eine Steigerung des Ziels Lieferbereitschaft häufig nur dann möglich, wenn eine Minderung der Zielerreichung Kostenminimierung, also eine Kostensteigerung, hingenommen wird. Die **optimale** Erfüllung des technischen Ziels Lieferbereitschaft ist daher häufig nicht die maximale Zielerreichung, sondern unter Berücksichtigung der entstehenden Bereitstellungskosten ein Lieferbereitschaftsgrad unter 100%.

3. Funktionen und Determinanten der Lagerhaltung

Die Lagerhaltung spielt eine besondere Rolle bei der Erfüllung der technischen und ökonomischen Aufgabe der Beschaffung.

Die Lagerhaltung kann aus verschiedenen Gründen zur Sicherung der technischen Aufgabe notwendig bzw. zur Erfüllung der ökonomischen Aufgabe der Beschaffung sinnvoll sein. Diese Gründe werden auch als Funktionen der Lagerhaltung bezeichnet.

(1) Ausgleichsfunktion des Lagers

Eine Ausgleichsfunktion zwischen Beschaffung und Bedarf der Produktion übernimmt das Lager, wenn die Beschaffung bemüht ist, die Zeit- und Mengenstruktur der Beschaffung von der Produktion zu "emanzipieren", auf Vorrat beschafft. In diesem Fall werden die Materialbedarfsmengen mehrerer Perioden zu einer Beschaffungsmenge zusammengefasst, die Fertigung wird sukzessive vom Lager beliefert.

Ob und in welchem Ausmaß in einem Unternehmen Ausgleichslagerhaltung betrieben wird, ist damit zunächst abhängig vom gewählten Materialbereitstellungsprinzip. Ausgleichslagerung wird (weitgehend) vermieden, wenn - wie bei der einsatzsynchronen Beschaffung - die vom Lieferanten gelieferte Menge jeweils der Bedarfsmenge entspricht und wenn - wie bei der Einzelbeschaffung - die Beschaffungsmenge der für einen speziellen Auftrag benötigten Bedarfsmenge entspricht.

Der Umfang der Ausgleichslagerung bei der Vorratsbeschaffung wird bestimmt von ihrer Wirkung auf die Lager-, Bestell- und Materialeinstandskosten. Hohe Bestellmengen verursachen hohe Lagerbestände und damit -kosten, die den Ersparnissen durch geringere Bestell- und Materialeinstandskosten infolge von Mengenrabatten und geringeren Transport- und Verpackungskosten gegenübergestellt werden müssen.

(2) Sicherungsfunktion des Lagers

In vielen Fällen besteht keine genaue Information über

- Bedarfsmengen der Zukunft
- Bedarfszeitpunkte
- Lieferzeitpunkte
- Liefermengen.

In diesen Fällen kann die technische Aufgabe der Sicherung der Verfügbarkeit des Materials zum Bedarfszeitpunkt nur dadurch erfüllt werden, daß ein Sicherheitslager gehalten wird, das unerwarteten Bedarf oder den Bedarf während eines Lieferverzugs abdeckt.

(3) Spekulationsfunktion des Lagers

Aus spekulativen Gründen wird ein Lager nötig, wenn der Einkauf zu Zeiten besonders niedriger Einstandspreise oder vor erwarteten Preissteigerungen unabhängig von der Höhe und dem Zeitpunkt des Bedarfs Material bestellt.

(4) Produktionsfunktion des Lagers

Bei einigen Produkten bildet die Lagerung einen Teil des Produktionsprozesses (z.B. bei Wein, Käse, chemischen Erzeugnissen). Die Produktionsfunktion des Lagers untersteht nicht dem Einflußbereich der Beschaffung und wird im folgenden vernachlässigt.

In welchem Umfang in einem Unternehmen Ausgleichs- und Sicherheitslagerung notwendig und sinnvoll ist, ist zum einen von der Situation abhängig und kann zum anderen durch strategische und operative Entscheidungen beeinflußt werden.In den nachfolgenden Kapiteln werden

- die Lieferantenwahl
- die Bestellmengenentscheidung
- die Wahl des Bestellsystems und
- die Wahl des Materialbereitstellungsprinzips

behandelt. Die Ausführungen werden deutlich machen, daß ein vollständiger Verzicht auf Ausgleichs- und Sicherheitslager weder möglich noch ökonomisch vertretbar ist.

Im Gegensatz dazu besteht für das beschaffende Unternehmen keine Notwendigkeit, spekulative Lagerung zu betreiben; sie ist ein Instrument, günstige Beschaffungssituationen auszunutzen bzw. ungünstige Beschaffungssituationen zu antizipieren. Spekulative Lagerung wird ausschließlich zur Erzielung ökonomischer Vorteile bzw. Vermeidung von Nachteilen betrieben.

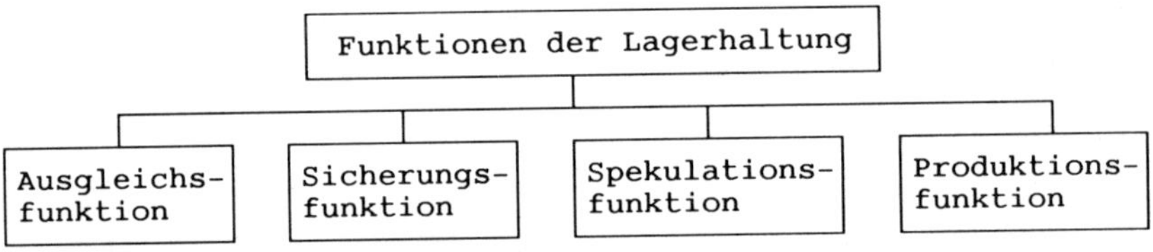

Abb. 02: Funktionen der Lagerhaltung

4. Die Bedeutung der Beschaffung für den Unternehmenserfolg

Der Aufgabenbereich der Beschaffung hat in den letzten Jahren in Theorie und Praxis eine steigende Beachtung gefunden, die den direkten und indirekten Wirkungen der Beschaffung auf den Unternehmenserfolg sowie den unausgeschöpften Rationalisierungspotentialen wachsende Aufmerksamkeit schenkt.

Die Überlegungen des folgenden Abschnitts sollen überblickartig die Art dieser Wirkungszusammenhänge aufzeigen. Möglichkeiten und Grenzen der Einflußnahme der Beschaffung auf den Unternehmenserfolg werden in den Kapiteln zur Planung in der Beschaffung behandelt.

Die Wirkung der Beschaffung auf den Unternehmenserfolg besteht

(1) aus der Wirkung operativer und strategischer Entscheidungen auf die Höhe der Materialeinstands-, Bestell- und Lagerkosten (Materialkosten);

(2) darüber hinaus kann sie einen wesentlichen Bestimmungsfaktor des Absatzerfolges bilden und

(3) die Möglichkeiten der Finanzierung gewinnträchtiger Investitionen erleichtern bzw. erschweren:

zu (1): Die in einem Unternehmen entstehenden Materialkosten sind von großer Bedeutung für das Betriebsergebnis und den Jahresüberschuß. Die Höhe der entstehenden Materialkosten kann durch eine Vielzahl lang- und kurzfristiger Maßnahmen beeinflußt werden.

Der Satz "Im Einkauf liegt der Gewinn" verweist auf die Bedeutung der Materialeinstandskosten für den Erfolg des Unternehmens. Diese Bedeutung gründet sich auf den hohen Anteil der Materialkosten an den Gesamtkosten.

Die Materialkosten verursachen - wie die nachfolgende Gegenüberstellung zeigt - je nach Branche zwischen 45% und 75% der Gesamtkosten:

Branche	Materialkosten in % der Gesamtleistung
Chemische Industrie	55,7
Mineralölverarbeitung	75,5
Gummiverarbeitung	54,0
Metallerzeugung und -bearb.	74,5
Maschinenbau	49,0
Fahrzeugbau	57,7
Elektrotechnik	45,0
Zellstoff/Papierindustrie	60,0
Textilindustrie	55,2

Quelle: Statistisches Bundesamt 1985

In Zukunft ist zu erwarten, daß die Bedeutung der Materialkosten als Kostenbestandteil weiter steigen wird, da die Unternehmen im Bemühen um Verkürzung ihrer Lieferzeiten ihre Fertigungstiefe immer mehr verringern, d.h. immer hochwertigere Komponenten fremdbeziehen.

Wie bedeutend eine Kostensenkung bei den Materialkosten für die Gewinnerzielung eines Unternehmens sein kann, verdeutlicht das folgende Zahlenbeispiel:

Beispiel:

Bei einer Umsatzrendite von 5% vor Steuern bringt 1 Mill. DM Umsatz 50.000 DM Gewinn vor Steuern. Eine 30 prozentige Umsatzsteigerung brächte 15.000 DM Mehrgewinn.

Bei einem Materialkostenanteil von 50 % kann bei unverändertem Umsatz der gleiche Effekt durch eine nur 3 prozentige Materialkostensenkung erzielt werden:
3% von 0,5 Mio DM = 15.000 DM

In vielen Marktsituationen ist eine 30 prozentige Umsatzsteigerung ungleich schwieriger zu erzielen als eine 3 prozentige Materialkostensenkung.

zu (2): Die Leistungsfähigkeit der Beschaffung beeinflußt den Absatzerfolg des Unternehmens in dreierlei Hinsicht:

a) die Qualität der Einsatzmaterialien kann eine entscheidende Wirkung auf die Qualität des Endproduktes haben,

b) die Materialeinstands- und Lagerkosten bestimmen die Selbstkosten des Endproduktes mit; eine Verringerung der Materialkosten ermöglicht dem Unternehmen, den Absatzpreis zu senken, ohne Gewinneinbußen hinnehmen zu müssen,

c) die Lieferbereitschaft der Beschaffung gegenüber der Fertigung ist ein Bestimmungsfaktor der Länge der Lieferzeit und der Lieferzuverlässigkeit des Unternehmens. Der Lieferservice gewinnt in vielen Branchen angesichts der Bemühungen der Abnehmer, ihrerseits Lagerkosten zu vermeiden, neben dem Absatzpreis als Marketinginstrument an Bedeutung.

zu (3): Die Entscheidungen der Beschaffung sind von großer Bedeutung für den Finanzbedarf des Unternehmens. Die Senkung des durch Material gebundenen Kapitals hat neben der Kostensenkung eine wichtige Funktion als Innenfinanzierungsquelle und erweitert den Finanzierungsspielraum für (gewinnträchtige) Investitionen.

5. Planung und Improvisation in der Beschaffung

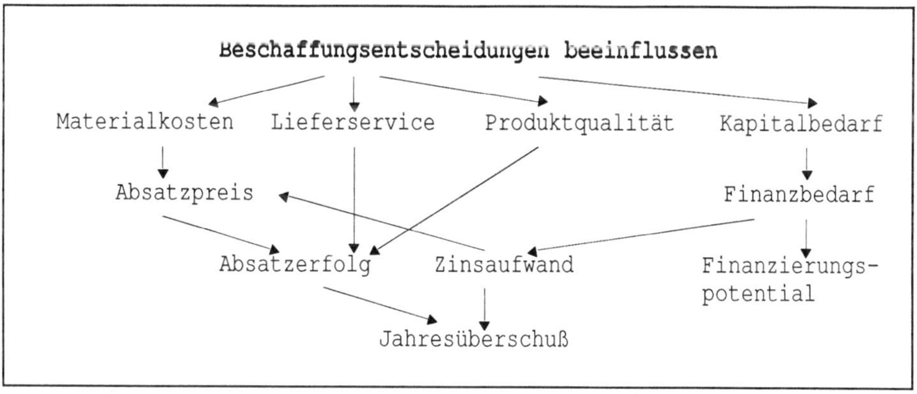

Abb. 03: Bedeutung der Beschaffung für den Unternehmenserfolg

Der Grad der Erreichung der Beschaffungsziele Kostenminimierung, Sicherung der Materialbereitstellung, Vermeidung der Abhängigkeit von Lieferanten und Verbesserung der Materialqualität wird nicht allein von den Entscheidungen der Beschaffung bestimmt, sondern auch von Größen beeinflußt, die die Beschaffung in einer bestimmten Situation nicht beeinflussen kann. Diese nicht-beeinflussbaren Determinanten der Zielerreichung werden als **Daten** bezeichnet, die Entscheidungsträger, die die Konstellation der Daten bestimmen, werden **Umwelt** genannt.

Die Beschaffenheit der die Zielerreichung der Beschaffung beeinflussenden Daten ändert sich fortlaufend; deshalb muß die Beschaffung zur Erreichung ihrer Ziele fortlaufend Umdispositionen treffen.

Je nach dem Zeitraum zwischen dem Zeitpunkt der Entscheidung und dem Zeitpunkt des Eintritts jener Datenkonstellation, auf die die Entscheidung abstellt, werden zwei Entscheidungsmethoden unterschieden: Die **Planung** und die **Improvisation**.

Als Planung wird ein Entscheidungsprozeß allgemein dann bezeichnet, wenn die Entscheidung zeitlich vor Eintritt der Datenkonstellation oder Periode getroffen wird, auf die sie bezogen ist.

Als Improvisation wird eine Entscheidung verstanden, die erst nach Eintritt der Datenkonstellation bzw. Periode getroffen wird, auf welche sie abzielt.

Als Improvisation in der Beschaffung ist eine Vorgehensweise zu verstehen, die erst bei einer Materialanforderung der Fertigung den Lagerbestand überprüft, Lieferanten sucht, vergleicht und eine Bestellung auslöst.

Planung zeichnet sich dagegen dadurch aus, daß die Beschaffung Bedarfsmengen und -zeitpunkte für die verschiedenen Materialmengen prognostiziert und die zur bedarfsgerechten Bereitstellung notwendigen Aktivitäten ergreift, bevor die Bedarfssituation eintritt.

Planung ist demnach dadurch gekennzeichnet, daß Aktivitäten nicht als Reaktion auf bestimmte Situationen gesucht und bewertend gegenübergestellt werden, sondern zukünftige Situationen und Probleme antizipiert werden.

Planung weist in der Beschaffung gegenüber der Improvisation drei Vorteile auf:

(1) Der Fremdbezug von Material ist in der Regel mit einer Beschaffungszeit verbunden: sie umfasst neben der für die Bedarfsprognose und Bestellmengenentscheidung benötigten Zeit die Übermittlung des Auftrags an den Lieferanten und dessen Lieferzeit sowie interne Vorgänge der Wareneingangskontrolle.

Die gedankliche Vorwegnahme zukünftiger Bedarfsmengen und Termine in der Bedarfsprognose ist daher Voraussetzung dafür, daß das benötigte Material bedarfsgerecht bereitgestellt werden kann.

(2) Je größer der Zeitraum zwischen Erkennen einer die Zielerreichung beeinflussenden Umweltsituation und deren Eintritt, umso größer ist die Menge der Handlungsalternativen zur Verhinderung des Eintritts zielgefährdender Umweltsituationen bzw. zur Realisierung von Chancen und Verminderung der negativen Wirkungen von Risiken.

(3) Die Prognose von Bedarfsmengen und -zeitpunkten und die Antizipation von Umweltbedingungen ermöglicht im Gegensatz zur reaktiven Vorgehensweise der Improvisation erhebliche Kosteneinsparungen: Die Bedarfsprognose ermöglicht die Zusammenfassung von mehreren Bedarfsmengen zu einer Bestellmenge und dadurch die Einsparung von Bestell- und Einstandskosten. Die Antizipation der Ungewißheit von Bedarfsmengen und -terminen sowie der Lieferzeit ermöglicht die Vermeidung von Fehlmengenkosten durch das Halten von Sicherheitsbeständen. Weitere Beispiele werden später behandelt.

Angesichts des Aufwands der Planung ist es erforderlich, die anzustrebende Planungsgenauigkeit als ökonomisches Problem aufzufassen: Planung findet dort ihre ökonomischen Grenzen, wo der Planungsaufwand die Vorteile der genaueren Kenntnis der Umweltbedingungen übersteigt.

Improvisation wird notwendig in unerwarteten Situationen, die in der Planung nicht in Rechnung gestellt wurden und durch nicht-vorhersehbare Ereignisse wie plötzliche Lieferausfälle wegen Störungen auf dem Transportweg und ähnliches.

Eine präzise Planung der Umweltbedingungen wird mit zunehmendem Zukunftsbezug immer schwieriger. Deshalb wird die Beschaffungsplanung zweistufig aufgebaut mit unterschiedlichem Planungshorizont:

Der Planungshorizont bezeichnet den Zeitraum, der bei der gedanklichen Vorwegnahme zukünftiger Umweltsituationen und beim Vergleich der Wirkungen von Handlungsalternativen einbezogen wird.

Die **operative Beschaffungsplanung**, die auch als Beschaffungsdisposition bezeichnet wird, trifft Entscheidungen die kurzfristig und ohne größere Opportunitätskosten revidierbar sind. Der Zeitraum, für den Umweltsituationen und Wirkungen von Handlungsalternativen erfasst werden, umfasst wenige Wochen bis etwa 1 Jahr.

Die Beschaffungsdisposition wird je nach Dispositionssystem entweder durch die Fertigungsprogrammplanung bzw. die Absatzplanung (programmorientierte Disposition) ausgelöst oder durch den Materialbedarf der Vergangenheit (verbrauchsorientierte Disposition).

Aufgaben der Beschaffungsdisposition sind

- Materialbedarfsplanung
- Bestellmengenentscheidung
- Bestellzeitpunktentscheidung
- Lieferantenwahl.

Die Freiheitsgrade bei den verschiedenen Entscheidungsproblemen und die Methoden zur Bewertung von Handlungsalternativen werden in starkem Maße durch Entscheidungen beeinflußt, die im Rahmen der strategischen Beschaffungsplanung getroffen werden.

Die **strategische Beschaffungsplanung**, die auch als Beschaffungspolitik bezeichnet wird, trifft Entscheidungen, die kurzfristig nicht oder nur unter Inkaufnahme hoher Kosten revidierbar sind. Bei der Antizipation der Umweltsituationen und der Analyse der Wirkungen von Handlungsalternativen muß daher ein Zukunftsbezug von häufig mehreren Jahren zugrundegelegt werden.

Während die operative Beschaffungsplanung bemüht ist, die Anforderungen der Fertigung zu erfüllen und dabei die von der strategischen Beschaffungsplanung geschaffenen Rahmenbedingungen zu beachten hat, hat die strategische Beschaffungsplanung mehr gestaltenden Charakter: Die Anforderungen der Fertigung und die Bedingungen des Beschaffungsmarktes werden nicht in jedem Falle als Datum verstanden, sondern als zumindest langfristig veränderliche Umweltbedingung aufgefasst.

Weiterführende Literatur:

Franken, R.: Materialwirtschaft: Planung und Steuerung des betrieblichen Materialflusses, Stuttgart 1984

Grochla, E.: Grundlagen der Materialwirtschaft: Das materialwirtschaftliche Optimum im Betrieb, 3. Aufl., Wiesbaden 1978

Hartmann, H.: Materialwirtschaft: Organisation, Planung, Durchführung, Kontrolle, Stuttgart 1978

Krycha, K.T.: Materialwirtschaft, München 1986

Bornemann, H.: Controlling im Einkauf, Wiesbaden 1987

Bloech, J., Cordts, J., Frank, W., Wegerner, H.: Materialwirtschaft - Vorträge des Arbeitskreises für Materialwirtschaft im Rahmen des 37. Deutschen Betriebswirtschafter-Tags in Berlin, Thun 1985

V. Stahlmann: Umweltorientierte Materialwirtschaft - Das Optimierungskonzept für Ressourcen, Recycling, Rendite, Wiesbaden 1988

Stark, H.: Beschaffungsplanung und Budgetierung, 2. Aufl., Wiesbaden 1987

II. Unternehmensinterne und -externe Analysen als Grundlage der Beschaffungsplanung

1. ABC-Analyse

1.1. Grundgedanke und Kriterien der ABC-Analyse

Die Beschaffung hat in der Praxis oft mehrere Tausend verschiedene Materialien von Tausenden von Lieferanten zu beschaffen.

Die ABC-Analyse ist ein Verfahren zur Bestimmung von Schwerpunkten in den dispositiven und strategischen Aufgaben des Materialwirtschaftlers; die Ergebnisse der ABC-Analyse können einen ersten Anhaltspunkt für die Vorgehensweise bzw. Methodenwahl bei der Bedarfsprognose, Bestellmengen- und Bestellsystementscheidung, bei der Lieferantenwahl u.a. Beschaffungsentscheidungen bilden.

Grundgedanke der ABC-Analyse ist, daß die Effizienz der Beschaffung gesteigert werden kann, wenn sie in der Lage ist, bei der Vorbereitung und Durchführung von Beschaffungsaufgaben sich auf die wesentlichen Materialien und Lieferanten zu konzentrieren und bei Materialien und Lieferanten von geringer wirtschaftlicher Bedeutung den Arbeitsaufwand so gering wie möglich zu halten.

Eine Effizienzsteigerung wird dadurch erreicht,

- daß aufwendige Methoden der Bedarfsplanung, Bestellmengenplanung, Bestellzeitpunktbestimmung und Kennzahlenermittlung und -auswertung nur für "wichtige" Materialien eingesetzt werden,
- daß Beschaffungsmarktforschung auf "wichtige" Materialien und Lieferanten beschränkt wird,
- daß die Suche nach und die Verhandlungen mit Lieferanten umso intensiver sind, je "wichtiger" die Materialien bzw. Lieferanten sind und dadurch,
- daß strategische Überlegungen nur für die "wichtigen" Materialien und Lieferanten gemacht werden.

Die wirtschaftliche Bedeutung der Materialien und Lieferanten kann an verschiedenen Kriterien gemessen werden, die unter Umständen auch zu kombinieren sind.

In der Regel werden die Materialien bzw. Lieferanten in 3 Gruppen eingeteilt, wobei die Klassifizierung zum Ziel hat,

- **wenige** A-Materialien bzw. A-Lieferanten mit **großer** wirtschaftlicher Bedeutung

- **einige** B-Materialien bzw. B-Lieferanten mit **mittlerer** wirtschaftlicher Bedeutung

- **viele** C-Materialien bzw. C-Lieferanten mit **geringer** wirtschaftlicher Bedeutung

zu identifizieren.

Die Entwicklung der ABC-Analyse beruht ursprünglich auf einer Untersuchung des Wert-Mengen-Verhältnisses der in einem Unternehmen benötigten Materialien. Dabei wurde festgestellt, daß ca. 10% bis 20% der Materialarten zwischen 60% und 70% des wertmäßigen Einkaufsvolumens verursachten, daß ca. 20% - 35% der Materialarten weitere 20%-30% des Einkaufsvolumens verursachten und der größte Teil der Materialarten einen unerheblichen Teil des Einkaufsvolumens verursachte.

Der Anteil des Materials am wertmäßigen Einkaufsvolumen ist im Hinblick auf die durch Rationalisierungsmaßnahmen zu erwartenden Einsparpotentiale bei den Lagerkosten von Bedeutung:

Bei einer Gleichbehandlung aller Materialien in der Beschaffungsdisposition verursachen die Materialien mit einem hohen Anteil am wertmäßigen Einkaufsvolumen wesentlich höhere Lagerkosten als Materialien mit einem geringen Anteil am wertmäßigen Einkaufsvolumen.

Dieser Zusammenhang wird deutlich, wenn man die Auswirkungen einer Gleichbehandlung bei der Bestellpolitik auf Materialien mit unterschiedlichem wertmäßigem Einkaufsvolumen vergleicht:

Material	Jahresbedarf in ME	Einstandspreis in DM je ME	Einkaufsvol. p.a./ Jahresbedarf in DM
1	10.000	5	50.000
2	10.000	1	10.000
3	20.000	3	60.000
4	5.000	5	25.000

Die gegenübergestellten Materialien werden alle 5mal im Jahr bestellt. Die Lagerkosten betragen 15% des durchschnittlich gebundenen Lagerwerts.

Material	Bestellwert je Bestellung in DM	mittlere Lagermenge in ME	mittlerer Lagerwert in DM	Lagerkosten p.a. in DM
1	10.000	1.000	5.000	750
2	2.000	1.000	1.000	150
3	12.000	2.000	6.000	900
4	5.000	500	2.500	375

Der Vergleich der Materialien 1 und 2 zeigt, daß bei gleichem mengenmäßigem Jahresbedarf die für Material 1 entstehenden Lagerkosten erheblich höher sind als bei Material 2. Dies ist darauf zurückzuführen, daß die Lagerkosten nicht von der gelagerten Menge (die gleich ist) sondern vom Lagerwert bestimmt werden.

Der Vergleich der Materialien 3 und 4 zeigt darüber hinaus, daß nicht der Einstandspreis je ME entscheidend sein darf für die Einschätzung der wirtschaftlichen Bedeutung sondern das aus der Multiplikation von Jahresbedarf und Einstandspreis gebildete Einkaufsvolumen.

Eine möglichst exakte Planung und Überwachung von Bedarfsmengen, Bestellmengen und Bestellterminen mit dem Ziel der Senkung der Lagerbestände verspricht daher für Materialien mit hohem wertmäßigem Einkaufsvolumen ein großes Einsparungspotential, während für Materialien mit geringem wertmäßigem Anteil am Einkaufsvolumen möglichst wenig aufwendige Verfahren angewendet werden sollten.

Eine Klassifizierung des Materials nach dem Mengen-Wert-Verhältnis ist nicht ausreichend. Materialien, die nach der Mengen-Wert-Analyse als unbedeutend einzustufen sind, können aufgrund spezifischer Risiken und deren Folgen oder aufgrund ihres Lagervolumens Probleme aufwerfen, die eine intensive Planung und Kontrolle der Materialien erforderlich machen.

Die Mengen-Wert-Analyse ist daher durch die Analyse der Materialien im Hinblick auf

- Fehlmengenkosten und Fehlmengenrisiko
- Preisrisiko und Kostentragfähigkeit
- Qualitätsrisiko und Leistungsdetermination
- Lagervolumen
- Verbrauchsstruktur und Vorhersagegenauigkeit

zu ergänzen.

Kriterien für die Messung der Bedeutung von Lieferanten sind:

- Anteil am wertmäßigen Einkaufsvolumen
- Angebotsmacht des Lieferanten

Eine Analyse der Materialien im Hinblick auf spezifische Risiken und die Lieferantenanalyse wird im Rahmen der Beschaffungsmarktforschung und der strategischen Situationsanalyse vorgenommen und in den jeweiligen Kapiteln detailliert behandelt.

Die weiteren Ausführungen konzentrieren sich auf die Mengen-Wert-Analyse.

1.2. Vorgehensweise der ABC-Analyse

Eine ABC-Analyse auf der Basis des Mengen-Wert-Verhältnisses kann auf Statistiken über Bedarfsmengen und Einstandspreisen beruhen oder sich auf Prognosewerte stützen.

Die Durchführung erfolgt in 4 Schritten:

(1) Berechnung des Einkaufsvolumens in DM aus dem Produkt von Jahresbedarfsmenge und Einstandspreis je Materialart

(2) Festlegung der Rangfolge entsprechend des Einkaufsvolumens

(3) Sortieren der Materialarten nach Rang und Berechnung der kumulierten Jahresbedarfsmengen und Einkaufsvolumina

(4) Klassifizierung der Materialarten

Beispiel:

Durchführung einer ABC-Analyse

Material	Jahresbedarf in ME	Einstandspreis in DM je ME	Einkaufsvol. p.a./ Jahresbedarf in DM
1	20.000	1,00	20.000
2	5.000	5,00	25.000
3	10.000	7,50	75.000
4	1.000	100,00	100.000
5	4.000	50,00	200.000
6	3.000	70,00	210.000
7	10.000	7,20	72.000
8	30.000	2,00	60.000
9	30.000	0,20	6.000
10	40.000	0,50	20.000

Material-nummer	Anteil am Jahresbedarf	Einkaufsvolumen	Rang nach Einkaufsvol.
1	13,07%	2,54%	9
2	3,27%	3,17%	7
3	6,54%	9,52%	4
4	0,65%	12,69%	3
5	2,61%	25,38%	2
6	1,96%	26,65%	1
7	6,54%	9,14%	5
8	19,61%	7,61%	6
9	19,61%	0,76%	10
10	26,14%	2,54%	8

Material-nummer	Rang	kumulierter Anteil am Jahresbedarf	am Einkaufsvolumen
6	1	1,96%	26,65%
5	2	4,57%	52,03%
4	3	5,22%	64,72%
3	4	11,76%	74,24%
7	5	18,30%	83,38%
8	6	37,91%	90,99%
2	7	41,18%	94,16%
10	8	67,32%	96,70%
1	9	80,39%	99,24%
9	10	100,00%	100,00%

Die Klassifizierung ergibt,

- daß 3 Materialien mit einem Anteil am Jahresbedarf von nur 5% einen Anteil von 65% des Einkaufsvolumens haben (diese werden als A-Material eingestuft),
- daß 2 Materialien mit einem Anteil am Jahresbedarf von ca. 13% einen Anteil von ca. 20% des Einkaufsvolumen verursachen (diese werden als B-Material eingestuft),
- daß 5 Materialien mit einem Anteil von ca. 82% des Jahresbedarfs einen Anteil von nur 17% am Einkaufsvolumen verursachen (diese werden als C-Material eingestuft).

Die Ergebnisse der ABC-Analyse werden häufig in einer sog. Konzentrationskurve dargestellt, die auf der Abszisse den in der Rangfolge abgetragenen kumulierten prozentualen Anteil an den Materialarten oder den kumulierten prozentualen Anteil am Jahresbedarf, auf der Ordinate den kumulierten prozentualen Anteil am Einkaufsvolumen zeigt. Je steiler die Kurve verläuft, um so stärker ist die Bedeutung einiger weniger Materialarten für das Einkaufsvolumen.

Die Konzentrationskurve für das obige Beispiel zeigt die folgende Abbildung:

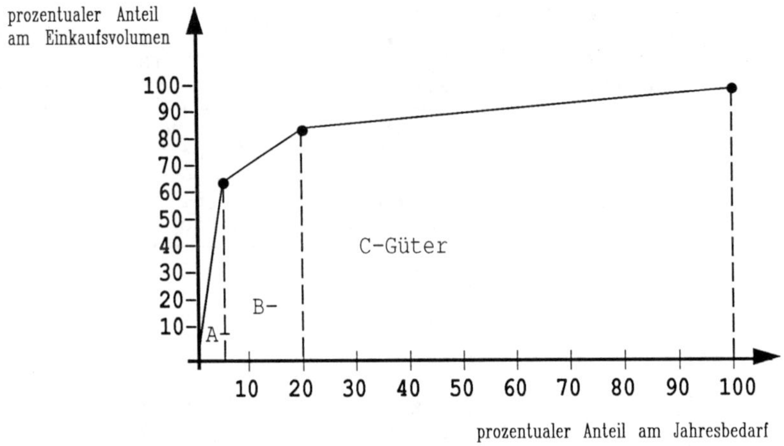

Abb. 04: Konzentrationskurve

1.3. Schlußfolgerungen aus den Ergebnissen der ABC-Analyse

Es wurde bereits im Zusammenhang mit den Grundgedanken der ABC-Analyse erläutert, daß die Effizienz der Materialwirtschaft durch eine Ungleichbehandlung der Materialien gesteigert werden kann.

Aus der Empfehlung, von den bezüglich des Mengen-Wert-Verhältnisses als A-Materialien eingestuften Gütern möglichst wenig zu lagern, ergibt sich:

- A-Material sollte tendenziell häufig, C-Material eher selten bestellt werden
- die Bedarfsprognose sollte für A-Material möglichst exakt sein, für C-Güter reichen einfache Verfahren aus
- der Sicherheitsbestand sollte bei A-Material möglichst gering sein, während ein hoher Lieferbereitschaftsgrad für C-Güter durch einen hohen Sicherheitsbestand gesichtert werden kann.

- Darüber hinaus sollten beim Einkauf von A-Material jeweils mehrere Angebote eingeholt werden und intensive Preisverhandlungen durchgeführt werden. Beim Einkauf von C-Material sollte der Aufwand durch Abschlüsse langfristiger Verträge minimiert werden.

Es wird unmittelbar deutlich, daß detaillierte Vorschläge zu einer unterschiedlichen Behandlung der Materialien aus den Ergebnissen einer ABC-Analyse auf Basis des Mengen-Wert-Verhältnisses **nicht** abgeleitet werden können: hierzu sind detaillierte Analysen über Kostenwirkungen, Risiken und Lieferanten notwendig.

2. Beschaffungsmarktforschung

2.1. Gegenstand und Aufgaben der Beschaffungsmarktforschung

Durch die **Beschaffungsmarktforschung** sollen im Gegensatz zur gelegentlichen und unsystematischen **Markterkundung im Bedarfsfall** Informationen über die Märkte, auf denen Material für die Unternehmung bezogen werden kann, regelmäßig und systematisch gesucht, gesammelt, aufbereitet und analysiert werden.

Die Reichweite der Beschaffungsmarktforschung kann und soll

- neben den Binnenmärkten auch Auslandsmärkte umfassen,
- nicht nur die Beschaffungsmärkte des beschaffenden Unternehmens, sondern auch die Beschaffungsmärkte der Lieferanten einschließen,
- sich nicht nur auf derzeit eingesetzte Materialien beziehen sondern auch vorhandene Substitutionsgütermärkte beobachten und neue Substitutionsgüter suchen,
- sich nicht nur auf Materialien konzentrieren, die für derzeit produzierte Produkte benötigt werden sondern auch zukünftig benötigte Materialien einbeziehen.

Beschaffungsmarktforschung hat die folgenden Aufgaben:

- Sie soll frühzeitig über mutmaßliche Marktstörungen, d.h. über mögliche Lieferengpässe oder - ausfälle, Veränderung von Lieferzeiten und Preisbewegungen informieren mit dem Ziel, Art, Umfang und Zeitpunkt der Marktstörung möglichst **frühzeitig** zu erkennen, um kurzfristig (Spekulationskäufe, Erhöhung von Sicherheitsbeständen) und langfristig (Wertanalyse, Suche nach Substitutionsgütern und neuen Lieferquellen, langfristige Kontrakte) wirksame Maßnahmen einleiten zu können, die das Eintreten der Marktstörung verhindern oder zumindest das Ausmaß des Schadens für das Unternehmen verringern.

- Sie soll die Entscheidungsgrundlagen für die Lieferantenwahl bereitstellen.
- Sie soll Argumentationshilfen für Einkaufsverhandlungen insbesondere Preisverhandlungen liefern, indem sie über die Kostenstruktur beim Lieferanten und über Preisentwicklungen auf den Beschaffungsmärkten des Lieferanten informiert.
- Sie soll auf Substitutionsmaterialien, neue Fertigungsverfahren und neue Lieferquellen aufmerksam machen.
- Sie soll Auskunft geben über die eigene Stellung am Beschaffungsmarkt im Vergleich zu den Anbietern und konkurrierenden Nachfragern, um im Rahmen der strategischen Beschaffungsplanung gezielte Anpassungs- bzw. Beeinflussungsstrategien entwickeln zu können.

Bedarfsabhängige Markterkundung wird häufig durch außergewöhnliche interne oder externe Änderungen ausgelöst; solche Anlässe können sein:

- nachlassender Wettbewerb durch Fusion von Unternehmen oder Ausscheiden von Anbietern
- Änderung der Angebotsmenge
- Preissteigerungstendenzen
- Make-or-buy-Entscheidungen
- Produktinnovationen im Absatzbereich
- Strategieänderungen in der Beschaffung wie Übergang auf einsatzsynchrone Lieferung

2.2. Ablauf der Beschaffungsmarktforschung

2.2.1. Selektion von Objekten der Beschaffungsmarktforschung

Für Unternehmen der weiterverarbeitenden Industrie ist es in der Regel weder wirtschaftlich sinnvoll noch technisch durchführbar, für alle im Produktionsprozeß eingesetzten und potentiell einsetzbaren Materialien und Betriebsmittel Beschaffungsmarktforschung durchzuführen.

Zu Beginn der Beschaffungsmarktforschungs-Aktivitäten muß deshalb eine Selektion der Beschaffungsobjekte erfolgen, für die Beschaffungsmarktforschung betrieben werden soll. Dieser erste Schritt der Beschaffungsmarktforschung hat zum Ziel, aus der Vielzahl der Beschaffungsobjekte **wenige** auszuwählen, bei denen ein besonders gutes Kosten-Nutzen-Verhältnis erwartet wird. Der Nutzen der Beschaffungsmarktforschung besteht - wie oben bei der Beschreibung der Aufgaben erwähnt - in der Bereitstellung von Informationen, die zur Vermeidung und Senkung von Kosten in der Beschaffung, in der Produktion und im Absatz genutzt werden können.

Zur Auswahl von solchen Beschaffungsobjekten können die folgenden Kriterien herangezogen werden:

- Bedarfsstruktur
- Beschaffungsrisiko
- Beschaffungswert

Hinsichtlich der **Bedarfsstruktur** werden Beschaffungsobjekte dahingehend unterschieden, ob sie einen

- kontinuierlichen
- sporadischen (unregelmäßigen)
- erstmaligen oder
- einmaligen Bedarf aufweisen.

Während für Beschaffungsobjekte mit einmaligem und sporadischem Bedarf tendenziell eine Markterkundung ausreicht, sollten Güter mit kontinuierlichem Bedarf einer weiteren Prüfung anhand der Kriterien Beschaffungsrisiko und Beschaffungswert unterzogen werden. Für Güter, deren Bedarf erstmalig auftritt muß zunächst Beschaffungsmarktforschung betrieben werden, um Informationen über deren Notwendigkeit und Nutzen zu erhalten.

Das **Beschaffungsrisiko** von Beschaffungsobjekten ist im Hinblick auf das Marktrisiko einerseits und dessen Auswirkungen auf die Unternehmung andererseits zu untersuchen:

Das vom Beschaffungsmarkt ausgehende Risiko betrifft

- die Gefahr der Lieferung von Mindermengen, von Versorgungsengpässen und Lieferausfällen (quantitatives Risiko)
- die Gefahr der nicht bedarfsadäquaten Leistung hinsichtlich Qualität und Liefermodalitäten (qualitatives Risiko)
- das Preisrisiko.

Die Auswirkungen eines bestimmten Marktrisikos auf das Unternehmen werden bestimmt von:

- der Gefahr für die Lieferbereitschaft gegenüber der Produktion (in welcher Höhe werden Lagerbestände gehalten?)
- der Höhe von Fehlmengenkosten in der Produktion und im Absatz beim Auftreten von Fehlmengen
- der Leistungsdetermination der Fertigung, d.h. den Verarbeitungsmöglichkeiten von Materialien mit Qualitätsschwankungen (welche Toleranzen dürfen Materialien aufweisen ?

welche Bedeutung hat die Qualität der Einsatzstoffe für die Qualität der Endprodukte ?)
- der Kostentragfähigkeit des Endproduktes, in das das Beschaffungsobjekt mit dem Preisrisiko eingeht (welche Ertragskraft hat das Produkt? welche Möglichkeiten der Preisüberwälzung bestehen ?)

Der **Beschaffungswert** des Beschaffungsobjektes als weiteres Kriterium zur Selektion marktforschungsrelevanter Beschaffungsobjekte wird weniger vom absoluten Wert, dem Einstandspreis, bestimmt als vielmehr von dem wertmäßigen Anteil am gesamten Beschaffungsvolumen. Kostensenkende Maßnahmen als Ergebnis von Informationen der Beschaffungsmarktforschung versprechen bei Beschaffungsobjekten mit hohem wertmäßigem Anteil am Beschaffungsvolumen den größten Rationalisierungserfolg.

Eine regelmäßige und systematische Beschaffungsmarktforschung ist für ein Beschaffungsobjekt demnach dann erforderlich oder verspricht eine gute Kosten-Nutzen-Relation, wenn

- das Beschaffungsobjekt kontinuierlich benötigt wird,
- das Beschaffungsobjekt ein hohes Marktrisiko und/oder wenn
- das Beschaffungsobjekt einen hohen Anteil am Beschaffungsvolumen

aufweist.

Die Selektion von forschungswürdigen Beschaffungsobjekten wirft in der praktischen Durchführung zwei Probleme auf:

Das erste Problem besteht darin, daß der Versuch, die Beschaffungsobjekte bezüglich der genannten Auswahlkriterien einzustufen, bereits eine Vielzahl von Informationen voraussetzt. Zur Gewinnung dieser Informationen ist entweder eine langfristige Erfahrung des Beschaffers mit dem Beschaffungsobjekt und dessen Beschaffungsmarkt oder bereits eine Beschaffungsmarktforschung erforderlich.

Das zweite Problem besteht in der differenzierten Einstufung der Beschaffungsobjekte bezüglich der teilweise qualitativen Auswahlkriterien und der Gewichtung der Auswahlkriterien untereinander. Diese Gewichtung der Auswahlkriterien ist notwendig, weil Beschaffungsobjekte unter Umständen nicht bezüglich aller Auswahlkriterien als forschungswürdig einzustufen sind. Damit stellt sich beispielsweise die Frage, ob für ein Beschaffungsobjekt mit hohem Anteil am Beschaffungswert und geringem Beschaffungsrisiko Beschaffungsmarktforschung durchgeführt werden soll.

2.2.2. Selektion von Informationsinhalten

Zur Erfüllung der Aufgaben der Beschaffungsmarktforschung kann es sinnvoll sein, Informationen zu sammeln über

(1) das (potentielle) Beschaffungsobjekt
(2) den (potentiellen) Lieferanten
(3) das Angebot und die Nachfrage am Beschaffungsmarkt
(4) Bewegungen und Entwicklungen am Beschaffungsmarkt:

zu (1): Das Beschaffungsobjekt als Informationsinhalt

Die Sammlung von Informationen über das (potentielle) Material soll der beschaffenden Unternehmung Einblick verschaffen in die Kostenstruktur der potentiellen Lieferanten und Hinweise geben auf die Beschaffungsmärkte, auf denen die Lieferanten die benötigten Vormaterialien einkaufen. Diese Informationen können bei Preisverhandlungen genutzt werden und geben möglicherweise Hinweise auf Rationalisierungspotentiale, die gemeinsam mit dem Lieferanten genutzt werden können.

Die Sammlung von Informationen über das Beschaffungsobjekt umfasst die folgenden Fragestellungen:

- Aus welchen Rohstoffen und Bauteilen setzt sich das Einkaufsprodukt zusammen?
- Welche Bedeutung haben sie als Kostenbestandteil?
- Nach welchem Produktionsverfahren wird das Produkt hergestellt?
- Gibt es alternative Produktionsverfahren?
- Welche physikalisch/technischen Besonderheiten weisen Beschaffungsobjekt oder Vormaterialen auf?

zu (2): Der Lieferant als Informationsinhalt

Informationen über (potentielle) Lieferanten können im Einkauf genutzt werden, um

- (potentielle) Lieferanten zu beurteilen, zu vergleichen, auszuwählen und ihren Anteil am Beschaffungsvolumen zu bestimmen (Bedarfssplitting);

- Preis- und Konditionenverhandlungen argumentativ zu unterstützen;

- Möglichkeiten, Chancen und Risiken einer langfristigen engen Zusammenarbeit mit Lieferanten zu erkennen;

- Rationalisierungsprotentiale bei aktuellen Lieferanten aufzudecken;

- neue Lieferanten zu finden.

Zur Beurteilung der Leistungsfähigkeit aktueller und potentieller Lieferanten werden die produktspezifischen Angebote der Lieferanten gegenübergestellt hinsichtlich:

- Einstandspreise
- Produktqualität
- Lieferfristen
- Zahlungs- und Lieferbedingungen
- Beratung und Kundendienstleistungen
- Garantie- und Kulanzleistungen
- Mindest- und Höchstbestellmengen

Zur Beurteilung der Qualitäts- und Lieferzuverlässigkeit müssen weitere unternehmensinterne Informationen herangezogen werden, die bei Lieferanten, mit denen bisher nicht zusammengearbeitet wird, schwer zu beschaffen sind:

- Die Qualitätszuverlässigkeit eines Lieferanten hängt grundstäzlich von dessen Bedingungen am Beschaffungsmarkt, von der eingesetzten Fertigungstechnologie, von der Qualität seiner Mitarbeiter und Anlagen und von seinem Maßnahmen zur Qualitätssicherung und -kontrolle ab.

Auf die Zuverlässigkeit der Einhaltung von Lieferfristen kann geschlossen werden, wenn Informationen vorliegen

- über die Fertigungskapazitäten und deren Auslastung
- über die Sicherung der Versorgung mit Vormaterialien
- über die Bedeutung des Produkts im Absatzprogramm des Lieferanten
- über die Bedeutung der Unternehmung als Kunde des Lieferanten
- über die räumliche Entfernung zum Lieferanten.

Weitere benötigte Informationen sind

- **Absatzprogramm des Lieferanten:** Es informiert über die Möglichkeit, mehrere Produkte aus dem Absatzprogramm des Lieferanten in das Beschaffungsprogramm aufzunehmen, um die eigene Marktstellung zu stärken, günstigere Einstandspreise zu erzielen und die Vorteile von Sammelbestellungen wahrzunehmen
- **Beschaffungsprogramm des Lieferanten:** Es zeigt, ob der Lieferant als Kunde in Frage kommt und ob die Möglichkeit von Gegengeschäften besteht
- **Kundenkreis des Lieferanten:** Er zeigt, ob der Lieferant Geschäftsbeziehungen zu Konkurrenten des Unternehmens unterhält, d.h. ob bei enger technischer Zusammenarbeit mit dem Lieferanten die Gefahr des Know-How-Transfers besteht
- **Nachfragemacht der Unternehmung:** Hier ist zu prüfen, ob die Unternehmung in eine einseitige Abhängigkeit vom Lieferanten gerät
- **finanzielle Lage des Lieferanten:** Sie lässt darauf schließen, ob der Lieferant in der Lage ist, Investitionen zur Produktverbesserung und -entwicklung vorzunehmen und ob Konkursgefahr mit den Konsequenzen Lieferausfall, Verlust von Garantieforderungen und Anzahlungen besteht

zu (3): **Angebot und Nachfrage am Beschaffungsmarkt als Informationsinhalt**

Gesamtwirtschaftliche Informationen über Angebot und Nachfrage am Beschaffungsmarkt sind die Voraussetzung für die Ableitung von Beschaffungsstrategien zur Anpassung an und Beeinflussung von Situationen am Beschaffungsmarkt und können als Frühwarnsignale für Marktstörungen genutzt werden.

Die Informationen über die Angebotsseite betreffen:

- die Konkurrenzsituation auf der Angebotsseite, d.h. die Anzahl der Anbieter und die Verteilung ihrer Marktanteile
- die Existenz von Marktzugangsbeschränkungen
- der Umfang der Produktdifferenzierung
- die Existenz wettbewerbsbeschränkender Praktiken
- das Vorhandensein von Substitutionsgütern
- die insgesamt im Vergleich zur gesamten Nachfrage angebotene Menge und für steigende Bedarfe vorhandene Marktreserve
- die Angebotselastizität: ist die Angebotselastizität infolge von Besonderheiten der Herstellung - etwa tierische, pflanzliche oder mineralische Rohstoffe - oder hoher Kapitalintensität gering, weisen die Märkte stark schwankende Lieferzeiten und Preise auf

Die Informationen über die Nachfrageseite betreffen:

- die Konkurrenzsituation auf der Nachfrageseite, d.h. die Anzahl der Nachfrager und deren Anteil am Gesamtbedarf
- die beschaffungspolitischen Maßnahmen konkurrierender Nachfrager, z.B. besteht die Gefahr, in angespannten Versorgungssituationen durch Strategien der konkurrierenden Nachfrager wie Exklusivverträge, frühzeitiges Aufkaufen oder Erwerb von Mehrheitsbeteiligungen an Lieferanten verdrängt zu werden ?

zu (4): Bewegungen und Entwicklungen am Beschaffungsmarkt als Informationsinhalt

Die Analyse und Prognose von Marktbewegungen und -entwicklungen bezieht sich auf die Preise, Lieferzeiten und relativen Angebotsmengen und auf die Verschiebung von Machtverhältnissen auf dem Beschaffungsmarkt. Die Erkenntnisse deuten auf günstige Beschaffungszeitpunkte (spekulative Lagerhaltung) und sind eine wichtige Grundlage für die Entwicklung von Beschaffungsstrategien. Die Analyse der Bewegung von Preisen und relativen Angebotsmengen versucht deren Ursache festzustellen, um die weitere Entwicklung prognostizieren zu können. Potentielle Ursachen sind:

- saisonale Schwankungen
- konjunkturelle Schwankungen
- trendbedingte Veränderungen, die wiederum ausgelöst werden können durch
  - ♦ das Auftreten von Substitutionsgütern
  - ♦ Versiegen von Rohstoffquellen
  - ♦ Auftreten neuer Anbieter
  - ♦ Konzentrationstendenzen
- politische und zufällige Ereignisse.

Aus dem dargestellten Spektrum potentieller Informationsinhalte müssen im Einzelfall die jeweils relevanten ausgewählt werden, um den Umfang der Beschaffungsmarktforschung zu begrenzen. Erste Anhaltspunkte können dabei bestimmte Merkmale des Bedarfs, des Angebots sowie die Materialbereitstellungsstrategie geben, die jeweils die Konzentration auf bestimmte Informationen erfordern; beispielhaft seien genannt:

- eine Konzentration der Beschaffungsmarktforschung auf die Analyse der Leistungsmerkmale der potentiellen Lieferanten ist dann erforderlich, wenn das Beschaffungsobjekt eine **starke Leistungsdetermination** aufweist. Dies ist dann der Fall, wenn in der Fertigung nur geringe Qualitätsschwankungen toleriert werden können und wenn die Qualität der eingesetzten Beschaffungsobjekte die Qualität der Absatzprodukte stark beeinflußt. Einen Schwerpunkt der Beschaffungsmarktforschung bildet die

Lieferantenanalyse auch dann, wenn die Unternehmung einsatzsynchrone Lieferung anstrebt.

- eine Konzentration der Beschaffungsmarktforschung auf die Analyse und Prognose der Preisbewegungen und -entwicklungen sowie der die Preise bestimmenden Faktoren ist dann erforderlich, wenn das Beschaffungsobjekt eine **geringe Preistoleranz** aufweist. Dies ist dann der Fall, wenn das zugehörige Absatzobjekt eine geringe Ertragskraft aufweist oder wenn Preissteigerungen auf dem Beschaffungsmarkt nicht auf den Kunden überwälzt werden können. Eine hohe Priorität muß der Analyse und Prognose von Preisen auch dann eingeräumt werden, wenn das Angebot aufgrund von Ernte- oder Importabhängigkeit starken Preisschwankungen unterworfen ist.

In Zusammenhang mit der Frage, welche Informationsinhalte aus dem vorhandenen Spektrum erhoben werden sollen, ist zu prüfen, in welchem **Umfang** die Informationssuche durchgeführt werden soll:

- welche Anzahl von potentiellen Lieferanten soll in die Analyse einbezogen werden?
- welche Reichweite soll die Beschaffungsmarktforschung haben: genügt eine Analyse des nationalen Marktes oder soll die Forschung auf den Weltmarkt ausgedehnt werden?

Die Bestimmung des optimalen Informationsumfangs erfordert eine Gegenüberstellung der zusätzlichen Kosten der Informationsgewinnung und des Nutzens der zusätzlich gewonnenen Informationen. In der Regel werden sich weder Kosten noch Nutzen der zusätzlich erhobenen Informationen quantifizieren lassen, so daß die Bestimmung des Informationsumfangs im allgemeinen intuitiv erfolgen muß.

2.2.3. Selektion von Methoden und Informationsquellen der Beschaffungsmarktforschung

Die in der Beschaffungsmarktforschung anwendbaren Methoden unterscheiden sich im Hinblick auf

- den Zeitbezug
- die Informationsquellen
- den Ansatzpunkt der Marktforschung.

Nach dem Kriterium **Zeitbezug** werden unterschieden

- die Marktanalyse
- die Marktbeobachtung
- die Marktprognose

Die **Marktanalyse** ist eine Bestandsaufnahme zu einem bestimmten Zeitpunkt. So ist etwa die Lieferantenanalyse, bei der die Leistungsmerkmale potentieller Lieferanten untersucht werden, der Marktanalyse zuzuordnen.

Die **Marktbeobachtung** ist eine Kette von Marktanalysen über einen Zeitraum hinweg. So ist die Untersuchung von Veränderungen der Angebots-oder Nachfragemenge, die Beobachtung von Preisschwankungen und von Marktmachtverschiebungen der Marktbeoachtung zuzuordnen.

Die **Marktprognose** versucht, Projektionen beobachteter Entwicklungen in die Zukunft vorzunehmen. Die Vorhersage von Preisentwicklungen und Versorgungsstörungen ist der Marktprognose zuzuordnen.

Im Hinblick auf die **Informationsquellen** werden unterschieden

- Primärmarktforschung
- Sekundärmarktforschung.

Primärmarktforschung zeichnet sich dadurch aus, daß die benötigten Informationen für den speziellen Untersuchungszweck von der Beschaffung erhoben und ausgewertet werden. Die Möglichkeiten der Beschaffungsprimärmarktforschung sind:

- Betriebsbesichtigungen
- Lieferantenbefragungen
- Messebesuche
- Probekäufe.

Sekundärmarktforschung wird auch als Schreibtisch-Marktforschung bezeichnet. Sie stützt sich auf bereits vorhandenes und für andere Zwecke erhobenes Material und wertet dieses Material für ihre Zwecke aus. Die wichtigsten Quellen der Beschaffungssekundärmarktforschung sind

- Lieferantenwerbung
- Lieferantengeschäftsberichte
- Fachzeitschriften
- amtliche Statistiken.

Bezüglich des **Ansatzpunktes** der **Marktforschung** werden unterschieden

- demoskopische Methoden
- ökoskopische Methoden.

Demoskopische Methoden beschäftigen sich unmittelbar mit den Lieferanten und Vorlieferanten. Zu den demoskopischen Methoden der Beschaffungsmarktforschung zählen Anfragen als Form der Befragung und Probekäufe als Methode des Experiments. Demoskopische Methoden sind in der Regel der Primärmarktforschung zuzurechnen.

Größere Bedeutung haben in der Beschaffungsmarktforschung die **ökoskopischen** Methoden, die bei ihren Untersuchungen die Ergebnisse der Handlungen der Lieferanten zugrundelegen. Zu den ökoskopischen Methoden zählen

- Marktanteilsberechnungen
- Trendberechnungen für Preise, Angebots- und Nachfragemengen
- Ermittlung von Saisonschwankungen.

Die Selektion von Methoden und Informationsquellen der Beschaffungsmarktforschung muß - ausgehend von dem gewünschten Informationsinhalt - auf der Basis einer Gegenüberstellung von

- Verfügbarkeit der Informationsquelle
- Verläßlichkeit / Aussagekraft der Quelle
- Informationsgewinnungskosten

erfolgen.

2.3. Auswertung der Marktforschungsinformationen

Die in der Beschaffungsmarktforschung gewonnenen Erkenntnisse können bei allen Teilaufgaben der Beschaffung genutzt werden, die den Charakter von strategischem und operativem Beschaffungsmarketing haben, d.h. lang- oder kurzfristige wirkende Maßnahmen zur Beeinflussung oder zur Anpassung an die Beschaffungssituation einleiten.

Hierzu zählen im strategischen Bereich beispielsweise die Entscheidung über Materialsubstitution und die Entscheidung über Eigenfertigung oder Fremdbezug: Informationen über die weltweite Nachfrage und die Entwicklung des Angebots von Einsatzstoffen, über Eigenschaften und Angebotssituation von (neuen) Substitutionsmaterialien, über die Leistungsfähigkeit potentieller Lieferanten und deren Beschaffungs- und Absatzsituation sind erforderlich, um dem strategischen Charakter der Entscheidungen Rechnung zu tragen.

Die Nutzung von Informationen der Beschaffungsmarktforschung im operativen Bereich beschränkt sich nicht nur auf die Lieferantenbeurteilung und - auswahl. Entscheidungen über spekulative Lagerhaltung benötigen möglichst frühzeitig Hinweise auf zu erwartende Preissteigerungen und Informationen über derzeitige Preistiefs.

Da auf das strategische und operative Beschaffungsmarketing und auf die dort benötigten Marktinformationen in den Abschnitten III und IV näher eingegangen wird, soll an dieser Stelle nur die Preisstrukturanalyse und ihre Nutzung bei Preisverhandlungen mit Lieferanten dargestellt werden.

Die Preisstrukturanalyse versucht, den vom Lieferanten geforderten Preis in Kosten- und Gewinnbestandteile zu zerlegen. Mit der Preisstrukturanalyse sollen insbesondere zwei Fragen beantwortet werden:

- wie hoch sind die Stückkosten des Lieferanten?
- welchen Anteil an den Stückkosten haben die einzelnen Kostenarten?

Die Kenntnis der Stückkosten des Lieferanten gibt Informationen über die kurz- und langfristige Preisuntergrenze des Lieferanten und ist ein wichtiges Instrument bei der Verhandlung über Preise in Einzel- und langfristigen Rahmenverträgen.

Die Kenntnis der Zusammensetzung der Stückkosten in Verbindung mit Informationen über Preisentwicklungen auf dem Beschaffungsmarkt des Lieferanten bildet die Grundlage für eine Verhandlung zur Abwehr von (ungerechtfertigten) Preiserhöhungen und begründet die Forderung nach Preissenkungen.

Bei der Durchführung der Preisstrukturanalyse wird zunächst auf der Basis der Informationen über das Produkt (Fertigungsverfahren, Einsatzstoffe etc.) versucht, die Kostenarten zu ermitteln, die für das Produkt von Bedeutung sind. Hierbei kann von gebräuchlichen Kalkulationsschemata ausgegangen werden:

Fertigungsmaterial + Materialgemeinkosten	Materialkosten
Fertigungslöhne + Fertigungsgemeinkosten + Sondereinzelkosten der Fertigung	Fertigungskosten
+ Forschungs- und Entwicklungskosten	
+ Verwaltungsgemeinkosten + Vertriebsgemeinkosten + Sondereinzelkosten des Vertriebs	Verwaltungs- und Vertriebskosten
+ Gewinnaufschlag	
= Preis	

Abb. 05: Die wichtigsten Preisbestandteile eines Produktes

Bei der Preisstrukturanalyse sollte versucht werden, Einzel- und Gemeinkosten getrennt anzugeben, um Informationen über die absolute (kurzfristige) Preisuntergrenze (diese liegt bei den variablen Einzelkosten) und die langfristige Preisuntergrenze (diese liegt bei den gesamten Selbstkosten) zu erhalten.

Bei den Einzelkosten handelt es sich um die Kosten, die dem einzelnen Produkt direkt zurechenbar sind und unmittelbar von der Fertigungsmenge abhängig sind. Zu den Einzelkosten zählen insbesondere das Fertigungsmaterial und die Fertigungslöhne, darüber hinaus die Sondereinzelkosten der Fertigung und des Vertriebs.

Zur Bestimmung der Einzelkosten ist es jeweils erforderlich die Mengen- und Wertkomponente der Kostenart zu ermitteln.

Für die Materialeinzelkosten bedeutet dies, daß eine "Stückliste" für das Produkt erstellt werden muß und die Preise für die Einsatzstoffe zu ermitteln sind. Hierzu sind detaillierte Informationen über die technischen Eigenarten des Beschaffungsobjektes und über die Beschaffungsmärkte des Lieferanten erforderlich.

Zur Bestimmung der Fertigungseinzelkosten muß der zur Herstellung einer Einheit des Beschaffungsobjektes erforderliche Zeitaufwand (Mengenkomponente) bestimmt werden und mit dem Stundenlohn in Abhängigkeit von der Qualifikation der Arbeiter und geltenden Lohnsätzen bewertet werden. Dabei bereitet vor allem die Schätzung der Fertigungszeiten Schwierigkeiten, denn Voraussetzung hierfür ist eine detaillierte Kenntnis des Produktionsprozesses und der Arbeitsabläufe beim Lieferanten.

Zu den Sondereinzelkosten der Fertigung zählen Kosten für Spezialwerkzeuge, Modelle, Schnitte und Spezialvorrichtungen, die nur der Herstellung bestimmter Erzeugnisse dienen. Als Sondereinzelkosten des Vertriebs treten vor allem Kosten für Verpackungsmaterial, Frachtkosten und Transportversicherung auf. Da einige Sondereinzelkosten in den Angeboten der Lieferanten getrennt ausgewiesen werden, bereitet ihre Ermittlung keine großen Schwierigkeiten. Bei der Ermittlung der Forschungskosten ist man dagegen fast ausschließlich auf Angaben des Lieferanten angewiesen.

Die Ermittlung der Gemeinkosten, die dem Produkt nicht zurechenbar sind und mehr oder weniger willkürlich über Verrechnungssätze und Bezugsgrößen auf die Kostenträger verteilt werden, bereitet bei der Preisstrukturanalyse erheblich größere Probleme als die Ermittlung der Einzelkosten. Zu den Gemeinkosten zählen die Materialgemeinkosten, die Fertigungsgemeinkosten, die Verwaltungs- und die Vertriebsgemeinkosten.

Die Materialgemeinkosten werden meist als prozentualer Aufschlag auf die Materialeinzelkosten angesetzt. Damit sollen alle Kosten der Bestellung, Eingangskontrolle, Lagerung und des innerbetrieblichen Transports erfasst werden. Dabei machen die Lagerkosten in der Regel den größten Teil der Materialgemeinkosten aus. Aussagen über die Materialgemeinkosten sind nur möglich, wenn die Größe, technische Ausstattung und Organisation des Lagers beim Lieferanten bekannt sind. Eine präzise Angabe der Materialgemeinkosten ist jedoch in den meisten Fällen von nicht allzu großer Bedeutung, da die Materialgemeinkosten mit ca. 5-6% der Materialeinzelkosten einen vergleichsweise unbedeutenden Kosten- und Preisbestandteil darstellen. Vielfach genügen Erfahrungswerte für bestimmte Branchen oder Schätzungen auf der Grundlage der eigenen Kalkulation unter Berücksichtigung der Besonderheiten des Materiallagers des Lieferanten.

Als Kosten- und Preisbestandteil von erheblich größerer Bedeutung sind die Fertigungsgemeinkosten. Zu den wichtigsten Fertigungsgemeinkostenarten gehören die Kosten für Hilfs- und Betriebsstoffe, für Hilfslöhne, für Abschreibungen und Zinsen, die Instandhaltungs-, Raum- und Werkzeugkosten und die Gehälter in der Fertigung. Für die Fertigungsgemeinkosten werden aufgrund der Vielzahl der Bestimmungsfaktoren ihrer Höhe in der Regel allenfalls grobe Schätzungen möglich sein. Das gleiche gilt für die Verwaltungs- und Vertriebsgemeinkosten.

Ein Hilfsmittel bei der Schätzung der Gemeinkosten kann die vom Statistischen Bundesamt veröffentlichte Untersuchung über die Kostenstruktur in der Wirtschaft (Fachserie C "Unternehmen und Arbeitsstätten" Reihe 1) sein; sie bietet einen Überblick über die wichtigsten Kostenarten gegliedert nach Branchen und Betriebsgrößen.

Beispiel:

Lieferant X fordert für Lieferungen der Zukunft eine 12 prozentige Preiserhöhung, die er mit Preissteigerungen im Fertigungs- und Materialbereich begründet:

Gestiegene Kosten im Materialbereich: 14%
Gestiegene Kosten im Fertigungsbereich: 15%.

Die Beschaffungsmarktforschung führt daraufhin eine Preisstrukturanalyse durch und untersucht die Kostenveränderungen der Vergangenheit und prognostiziert deren Entwicklungen in der Zukunft: Die Analyse ergibt, daß die ermittelten Kostensteigerungen und kompensierenden Kostensenkungen in den genannten Bereichen eine Preisanhebung um maximal 5,5% rechtfertigen:

	Anteil in %	Änderung in %	Auswirkung in %
Materialkosten			
Baumwollmull	40	12	4,80
Gips	8	4	0,32
Lösungsmittel	8	5	0,40
Fertigungskosten			
Löhne	20	4	0,80
Energie	9	6	0,54
Verpackung			
Versandkarton	6	-10	-0,60
Kunststoffkern	6	-12	-0,72
sonstige Kosten	3	0	0,0
	100		5,54

Eine Preisstrukturanalyse ist nicht nur zur Abwehr von Preiserhöhungen dienlich, sondern auch ein wichtiges Instrument zur Unterstützung des Einkäufers bei Verhandlungen über Preisgleitklauseln, die Art und Umfang von Preisänderungen bei langfristigen Verträgen regeln. (vgl. hierzu Abschnitt III., 3.3.)

Weiterführende Literatur

Arnolds, H.; Heege, H.; Tussing, W.: **Materialwirtschaft und Einkauf, 5. Aufl., Stuttgart 1986**

Stangl, U.; Koppelmann, U.: Beschaffungsmarktforschung, ein prozessuales Konzept, ZfbF, 36. Jg. (1984), Heft 5, S. 347-370

Strache, H. (Hrsg.): Beschaffungsmarktforschung, Wiesbaden 1982

III. Strategische Planung in der Beschaffung

1. Merkmale und Gegenstand der strategischen Beschaffungsplanung

Bei der Gegenüberstellung der beiden Entscheidungsmethoden Planung und Improvisation in Abschnitt I.5. wurde Planung als ein Entscheidungsprozess bezeichnet, die Entscheidungen vor Eintritt der Umweltsituation, auf die sie bezogen sind, trifft.

Antizipatives Handeln setzt voraus, daß die Umweltbedingungen, die die Zielerreichung der Beschaffung beeinflussen, möglichst präzise und frühzeitig bekannt sind. Da eine präzise Prognose der Umweltbedingungen mit zunehmendem Zukunftsbezug immer schwieriger wird und Entscheidungen, die die Gestaltungsparameter der Beschaffung im Detail festlegen, mit immer höherem Risiko verbunden sind, wird im folgenden ein zweistufiges Planungssystem entwickelt, das eine strategische und eine operative Ebene beinhaltet. Die beiden Ebenen unterscheiden sich primär durch ihre Fristigkeit und ihre Planungsinhalte, die weitere Unterschiede zur Folge haben.

Die strategische Beschaffungsplanung zeichnet sich dadurch aus, daß sie **langfristige Entscheidungen** trifft. Diese Langfristigkeit hat zwei Dimensionen:

- strategische Entscheidungen sind langfristig in dem Sinne, daß sie kurzfristig nicht oder nur mit hohen Kosten revidierbare Rahmenbedingungen schaffen, die von der untergeordneten Planungsebene - der operativen Planung - als gegeben (Datum) betrachtet werden.
- strategische Entscheidungen sind zudem langfristig in dem Sinne, daß zwischen der Wahl einer Alternative und ihrer Wirkung ein vergleichsweise langer Zeitraum verstreicht.

Da die strategischen Entscheidungen langfristig Gültigkeit haben (sollen)und erst langfristig wirken, muß bei der Prognose der Umweltbedingungen und der Handlungskonsequenzen von Alternativen ein Planungshorizont von mehreren Jahren zugrundegelegt werden.

Inhaltlich zeichnet sich die strategische Beschaffungsplanung dadurch aus, daß sie weniger Entscheidungen, die einzelne Beschaffungsobjekte betreffen, als vielmehr Entscheidungen mit generellem Charakter trifft d.h. auf Materialgruppen und Beschaffungsmärkte (sog. strategische Ressourceneinheiten) bezogen ist, allgemeine Verhaltensgrundsätze im Einkauf festlegt und unternehmensstrukturbestimmende Entscheidungen fällt.

Die strategischen Beschaffungsziele sind im wesentlichen langfristige Ausprägungen des materialwirtschaftlichen Optimums oder aus den allgemeinen Unternehmenszielen abgeleitet:

- Kostenreduzierung
- Leistungsverbesserung
- Versorgungssicherung (hinsichtlich Qualität, Menge und Termin)
- Vermeidung einseitiger Abhängigkeit von Lieferanten.

Ein weiteres wichtiges Merkmal der strategischen Beschaffungsplanung ist ihre Umweltorientierung: Ihre Bemühungen sind darauf gerichtet, eine für die Unternehmung "günstige" Beschaffungssituation zu erhalten und auszunutzen bzw. eine "ungünstige" Beschaffungssituation durch marktgerichtete und betriebsgerichtete Strategien in eine günstige Beschaffungssituation zu überführen.

Der gestaltende Charakter der strategischen Beschaffungsplanung wird durch den Begriff Beschaffungsmarketing betont, der häufig dem Begriff Beschaffungspolitik gleichgesetzt wird.

Zur Beeinflussung der Beschaffungssituation stehen der Unternehmung verschiedene Maßnahmen zur Verfügung, die unter dem Begriff beschaffungspolitisches Instrumentarium zusammengefasst werden. Es umfasst:

- die Beschaffungsprogrammpolitik
- die Lieferanten- und Kontraktpolitik
- die Lagerpolitik.

Als Beschaffungsstrategien werden Handlungsalternativen bezeichnet, die die strategischen Instrumente einzeln oder kombiniert einsetzen, um die strategischen Beschaffungsziele zu erreichen.

Die Fristigkeit der strategischen Beschaffungsplanung und ihre sachlichen Inhalte haben zur Folge, daß die Handlungskonsequenzen der strategischen Alternativen häufig nicht als Zielerreichungsgrade operationaler Ziele quantifizierbar sind, sondern nur "undeutliche" Ursache-Wirkungsbeziehungen zwischen dem Einsatz der strategischen Instrumente und den strategischen Zielen der Beschaffung erkennbar sind.

Die Fristigkeit und das Risiko der strategischen Entscheidungen haben zur Folge, daß die Kompetenz für Beschaffungspolitik der obersten Führungsebene zugeordnet werden muß.

2. Die aufbauorganisatorische Gestaltung der Beschaffung

2.1. Die Aufgabenanalyse

Die aufbauorganisatorische Gestaltung der Beschaffung ist den strategischen Aufgaben zuzuordnen, weil die Entwicklung und Realisierung einer Aufbauorganisation insbesondere dann einen hohen Zeitbedarf aufweist, wenn es sich um die Veränderung einer bestehenden Organisation handelt.

Die aufbauorganisatorische Gestaltung der Beschaffung umfasst

- im Rahmen der Aufgabenanalyse die Erfassung aller für die Erfüllung der Beschaffungsaufgabe - notwendigen Teilaufgaben und
- ihre Zusammenfassung zu Aktionseinheiten, die sog. Stellenbildung im Rahmen der Aufgabensynthese.
- ihre Zusammenfassung zu Leitungseinheiten und damit die Entscheidung über die zentrale bzw. dezentrale Wahrnehmung und Leitung der Beschaffungsaufgaben,
- die Einordnung der Beschaffung in die Unternehmenshierarchie; diese entscheidet über Weisungsbefugnis und Art und Umfang der Koordination mit den anderen betrieblichen Funktionen.

Eine verrichtungsorientierte Aufgabenanalyse der Beschaffung ergibt die folgenden Teilaufgaben:

- Erschließen bisher nicht genutzter Beschaffungsmärkte
- Suche nach Substitutionsgütern
- Auffinden neuer Lieferanten
- Beobachtung von Marktveränderungen sowie Preis-, Qualitäts- und Quantitätsentwicklungen der Beschaffungsobjekte
- Preis- und Wertanalyse
- Bedarfsprognose
- Verhandlungen mit Lieferanten u. Vertragsgestaltung
- Bestellung
- Planung, Steuerung und Kontrolle der Beschaffungstransporte
- Wareneingangs- und -ausgangskontrolle
- Lagerhaltung und -verwaltung

Geht man von einem allgemeinen Beschaffungsansatz aus, ergibt die objektorientierte Aufgabenanalyse, daß im Rahmen des betrieblichen Leistungsprozesses die Beschaffung von

- Personal,
- Anlagegütern,
- Kapital,
- Informationen,
- Dienstleistungen,
- Handelsware,
- Rohstoffen,Hilfs- und Betriebsstoffen

erforderlich ist.

2.2. Die Bildung von Beschaffungsstellen

Die Zusammenfassung der Teilaufgaben zu Aktions- und Leitungseinheiten erfolgt mit dem Ziel, ein hohes Maß an Spezialisierungs- und Degressionsvorteilen durch die Gleichartigkeit und Häufung der Aufgaben je Stelle zu erreichen.

Die Stellenbildung in der Beschaffung erfolgt zunächst in sachlicher Hinsicht nach Beschaffungsobjekten:

Die Beschaffung von Personal, Informationen und Kapital weisen so wenig gemeinsame Teilaufgaben auf, daß durch eine gemeinsame Aufgabenerfüllung keine Degressions- und Spezialisierungsvorteile auftreten. Die Beschaffung von Personal, Kapital und Informationen wird daher nicht der Abteilung Beschaffung sondern der Personal-, Finanz- und Forschungsabteilung zugewiesen.

Eine gesonderte Abteilungsbildung erscheint nur dann sinnvoll, wenn die Beschaffungsaufgaben dies vom Umfang und der Häufigkeit her rechtfertigen und die Beschaffung einen nennenswerten Einfluß auf den Unternehmenserfolg hat.

Die weitere Untergliederung der Abteilung Beschaffung kann objektorientiert der weiteren Differenzierung der Beschaffungsgüter folgen oder die Stellengliederung nach Beschaffungsmärkten oder Teilaufgaben vornehmen.

Eine objektorientierte Stellengliederung, bei der ein Stelleninhaber jeweils für alle Beschaffungsaufgaben der ihm zugeordneten Beschaffungsobjekte zuständig ist, hat den Vorteil, daß sich der Stelleninhaber in die spezifischen Eigenarten der ihm zugeodneten Objekte intensiv einarbeiten kann.

Die objektorientierte Spezialisierung der Stellen ist dann erforderlich, wenn Teile des Beschaffungsprogramms ein hohes Preis- oder Mengen- oder Qualitätsrisiko aufweisen und/oder wenn technische Bauteile von hoher Komplexität bezogen werden.

Eine reine Objektorientierung bei der Stellengliederung hat jedoch Parallelarbeit in der Abteilung zur Folge; zudem besteht die Gefahr, daß der Stelleninhaber den überwiegenden Teil seiner Arbeitszeit für Routineaufgaben aufwenden muß und wenig Kapazität für Beschaffungsmarktforschung und -marketing bleibt.

Eine verrichtungsorientierte Stellengliederung in Beschaffungsmarktforschung und Beschaffungsmarketing einerseits sowie administrative Aufgaben der Bestellung und Bestellabwicklung andererseits hat den Vorteil, daß sich die Beschaffung nicht ausschließlich auf reine Abwicklungsaufgaben beschränkt und damit als Bestellbüro fungiert sondern eine oder mehrere Stellen ausschließlich mit gestaltenden Beschaffungsaufgaben beschäftigt sind.

Ist neben der verrichtungsorientierten Stellengliederung eine weitergehende Differenzierung der Stellen erforderlich, bietet sich eine objekt- oder marktorientierte Stellengliederung an, die die objekt - bzw. marktspezifischen Besonderheiten berücksichtigt.

Der endgültige Stellenaufbau zeigt daher in der Regel mehrere Gliederungsprinzipien nebeneinander, wie das Beispiel zeigt:

Beispiel:

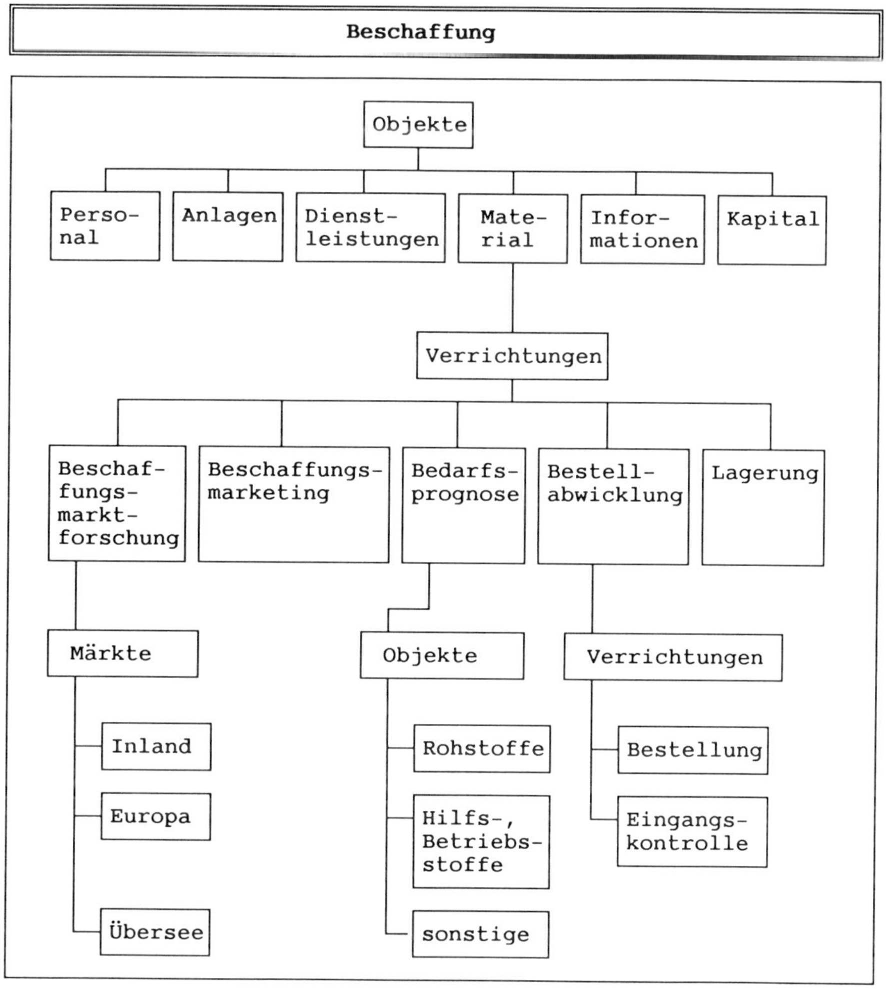

Abb. 06: Objekt- und verrichtungsorientierte Stellenbildung in der Beschaffung

Im letzten Schritt der aufbauorganisatorischen Gestaltung ist das Leitungssystem für die Beschaffung zu bilden und hierarchisch in die bestehende Organisationsstruktur einzuordnen. Diese Maßnahme regelt Kompetenzen, Verantwortung und Weisungsbefugnis.

2.3. Eingliederung der Beschaffung in die Organisationsstruktur

2.3.1. Eingliederungsmöglichkeiten in eine funktionale Organisationsstruktur

Der Aufgabenbereich der Beschaffung läßt sich zentral oder dezentral in eine funktionale Organisationsstruktur eingliedern.

Eine dezentrale Leitung der Beschaffung ergibt sich, wenn die Beschaffungsteilaufgaben, die durch eine verrichtungsorientierte bzw. objektorientierte Stellenbildung auf mehrere Stellen verteilt wurden, verschiedenen Abteilungen zugeordnet werden.

Eine solche objekt- und verrichtungsorientierte Aufsplitterung der Beschaffungsaufgaben findet sich beispielweise bei der folgenden Aufbauorganisation:

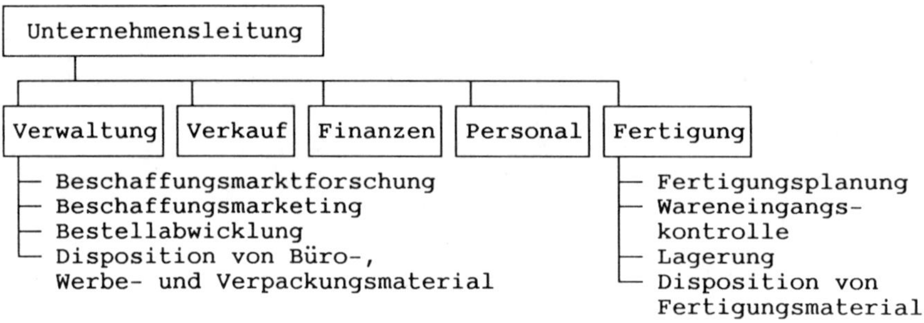

Abb. 07: Dezentrale Leitung der Beschaffung bei funktionaler Organisationsstruktur

Eine zentrale Leitung aller Beschaffungsaufgaben und eine den übrigen Funktionen gleichgeordnete hierarchische Stellung der Beschaffung weist der folgende funktionale Aufbau des Unternehmens auf:

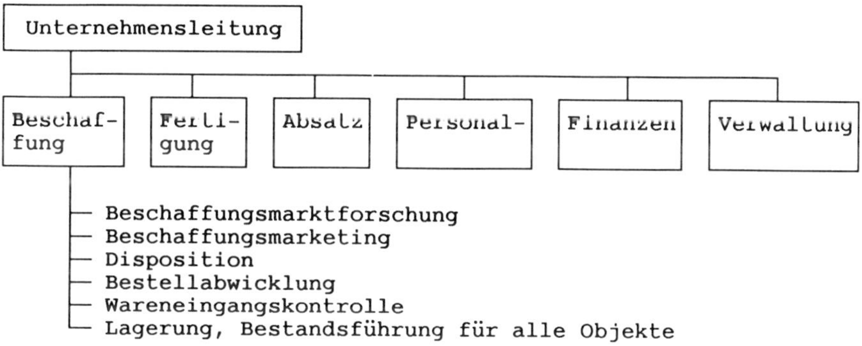

Abb. 08: Zentrale Leitung der Beschaffung bei funktionaler Organisationsstruktur

2.3.2. Eingliederungsmöglichkeiten in eine divisionale Organisationsstruktur

Ist das Unternehmen nach Produktgruppen in Sparten (divisionale Organisationsstruktur) gegliedert, können die Beschaffungsaufgaben in den verschiedenen Sparten (dezentral) oder in einer Zentralabteilung für alle Sparten wahrgenommen werden:

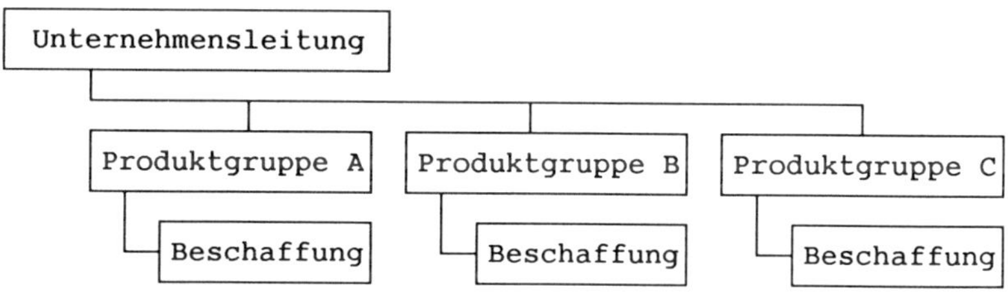

Abb. 09: Dezentrale Leitung der Beschaffung bei divisionaler Organisationsstruktur

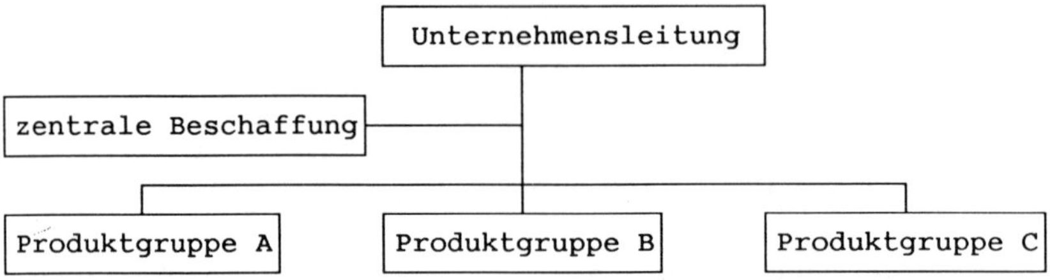

Abb. 10: Zentrale Leitung der Beschaffung bei divisionaler Organisationsstruktur

Eine weitere organisatorische Gestaltungsform ist die Kombination von Zentralisation und Dezentralisation bei divisionaler Organisationsstruktur:

Die operativen Beschaffungsaufgaben wie Bedarfsprognose, Bestellauslösung und -überwachung und evtl. Lagerung werden dezentral in den Sparten wahrgenommen; die Koordination, die strategischen Aufgaben sowie die Beschaffungsmarktforschung werden einer zentralen Beschaffung zugeordnet:

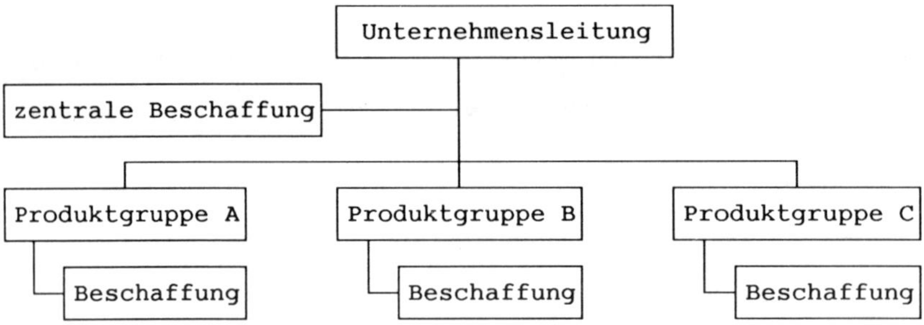

Abb. 11: Kombination von zentraler und dezentraler Einordnung der Beschaffung

2.3.3. Beurteilung aufbauorganisatorischer Gestaltungsmöglichkeiten

Zur Beurteilung aufbauorganisatorischer Alternativen ist es erforderlich, Aussagen über das gewünschte Ergebnis der Strukturierung - Gestaltungsziele - zu formulieren.

Ausgehend von dem Oberziel der Beschaffung, die Erreichung des materialwirtschaftlichen Optimums, können die folgenden Gestaltungsziele abgeleitet werden:

(1) Wirtschaftlichkeit der Beschaffung
(2) koordinierte, Zielkonflikte berücksichtigende Entscheidungsfindung
(3) Steuerung der Beschaffung durch Management by objectives
(4) hohes Maß an Arbeitszufriedenheit und Selbstverwirklichung bei den Mitarbeitern
(5) hohes Maß an Flexibilität und Sensibilität bezüglich Beschaffungsmarktveränderungen

zu (1): Wirtschaftlichkeit der Beschaffung

Eine objekt- und verrichtungsorientierte Zentralisation der Beschaffung kann die Erreichung des Wirtschaftlichkeitsziels unterstützen; sie weist die folgenden potentiellen Vorteile gegenüber einer Dezentralisierung auf:

- geringere Verwaltungskosten durch die Vermeidung von Doppelarbeit und die Ausnutzung von Spezialisierungseffekten
- geringere Einstandskosten durch mögliche Bedarfszusammenfassung und Materialstandardisierung
- Einheitlichkeit der Beschaffungspolitik

zu (2): koordinierte, Zielkonflikte berücksichtigende Entscheidungsfindung

Zielkonflikte sind allgemein dadurch gekennzeichnet, daß eine Maßnahme, die zur Steigerung der Zielerreichung eines Ziels geeignet ist, zugleich eine Minderung des Zielerreichungsgrades eines oder mehrerer anderer Ziele bewirkt.
Zielkonflikte treten in der Beschaffung in Form von
- Kosten-Leistungs-Konflikten und
- Kosten-Kosten-Konflikten auf.
Kosten-Leistungs-Konflikte treten dann auf, wenn eine Maßnahme zur Minderung der Beschaffungskosten zugleich eine Verschlechterung der Lieferfähigkeit gegenüber der Fertigung bewirkt. Dieser Kosten-Leistungskonflikt muß beispielsweise bei der Lieferantenwahl (Einstandskosten - Lieferzuverlässigkeit) und bei der Bestimmung des Sicherheitsbestands (Lagerkosten - Lieferbereitschaft) berücksichtigt werden.

Kosten-Kosten-Konflikte äußern sich derart, daß eine Maßnahme zur Senkung einer Kostenart zugleich eine Steigerung einer oder mehrerer anderer Kostenarten verursacht. Kosten-Kosten-Konflikte müssen beispielsweise bei der Bestellmengenentscheidung (Einstandskosten - Lagerkosten und Bestellkosten - Lagerkosten) und bei der Bestimmung des Soll-Lieferbereitschaftsgrades (Fehlmengenkosten - Lagerkosten) berücksichtigt werden.

Werden die Beschaffungsaufgaben dezentral wahrgenommen, wird die Lieferbereitschaft und die Kostenarten der Beschaffung von verschiedenen Abteilungen verantwortet. Dadurch besteht die Gefahr, daß Entscheidungen zur Verbesserung der Zielerreichung des Ziels A getroffen werden, die bei Ziel B, das von einer anderen Abteilung verfolgt und verantwortet wird, eine Verschlechterung der Zielerreichung bewirken, die die ursprüngliche Verbesserung bei Ziel A überkompensiert. Eine Verrichtungszentralisation zeichnet sich dagegen dadurch aus, daß alle Beschaffungsaufgaben sowie die entstehenden Kosten und die erreichte Lieferbereitschaft von einer Abteilung verantwortet werden. Die zentrale Wahrnehmung und Verantwortung der Beschaffungsaufgaben erleichtert das Erkennen von Zielkonflikten und die Realisierung ganzheitlichen Denkens, das eine Beurteilung von Alternativen anhand der Summe der jeweils beeinflußten Kosten und der Lieferbereitschaft fordert.

zu (3): Steuerung der Beschaffung durch Management by objectives

Management by objectives (Mbo) fordert eine operationale und mit den Oberzielen der Unternehmung konforme Vorgabe von Zielen, die den Charakter von Unterzielen haben. Innerhalb des ihm zugeordneten Kompetenzbereichs hat der Mitarbeiter die Entscheidungsbefugnis und die Verantwortung für die Zielerreichung.

Eine operationale Zielvorgabe setzt voraus, daß Zielinhalt, Ausmaß der Zielerreichung und der zeitliche Horizont der Zielerreichung angegeben werden **und** daß im Kompetenzbereich des Mitarbeiters liegende Maßnahmen zur Zielerreichung erkennbar sind.

Eine operationale und zu den Oberzielen komplementäre Formulierung von Beschaffungszielen ist bei dezentraler Leitung der Beschaffung nicht möglich. Dies verdeutlicht das folgende Beispiel:

Liegt die Verantwortung für die Disposition und Lagerung der Materialien bei der Funktion Fertigung, die Verantworung für den Einkauf und die Wareneingangskontrolle bei der kaufmännischen Leitung, ist die Zielvorgabe Senkung der Herstellkosten um 5% in der

Budgetperiode bei Konstanz der Lagerhaltungskosten keine operationale Zielformulierung für den Leiter der Fertigung, da in seinem Kompetenzbereich nur die Lagerabgänge fallen, während die Steuerung der Lagerzugänge (Entscheidungen über Bestellmengen, Lieferantenwahl und Bestellzeitpunkte) durch den Einkauf erfolgt.

Ob das Ziel einer Konstanz der Lagerhaltungskosten zugleich die Erreichung des Ziels Minimierung der gesamten Beschaffungskosten fördert, ist zumindest nicht sicher: möglicherweise wäre eine Steigerung der Lagerhaltungskosten zugunsten einer Kostenminderung bei den Bestell- und Einstandskosten sinnvoll.

Eine sinnvolle Zielkontrolle setzt die Identität von Kompetenz und Verantwortung voraus.

Eine allgemeingültige Aussage zur Wirkung aufbauorganisatorischer Alternativen auf die Ziele Arbeitszufriedenheit und Flexibilität erscheint nicht möglich.

3. Das beschaffungspolitische Instrumentarium

3.1. Beschaffungsprogrammpolitik

Gegenstand der Beschaffungsprogrammpolitik ist die langfristige Prognose und Auswahl der zu beschaffenden Güter hinsichtlich

- Eigenschaften
- Art
- Qualität
- Anzahl (Breite des Beschaffungsprogramms).

Alle 4 Dimensionen des Beschaffungsprogramms werden bei strategischer Perspektive zum Gestaltungsparameter; in der operativen Beschaffungsplanung wird das Beschaffungsprogramm dagegen als vorgegeben betrachtet.

Im Rahmen der strategischen Beschaffungsprogrammpolitik stehen 4 Strategien zur Verfügung:

- Änderung des Fremdbezugsgrades
- Materialstandardisierung
- Materialsubstitution
- Änderung der Eigenschafts- oder Qualitätsanforderungen.

Zur Vorbereitung der strategischen Entscheidung über eine **Änderung des Fremdbezugsgrades** und damit der Produktionstiefe der Unternehmung ist ein Vergleich zwischen Eigenfertigung und Fremdbezug nötig. Dabei sind folgende Kriterien zu berücksichtigen:

- Kosten bzw. Ausgaben
- Produktqualität
- Kapitalbedarf
- Absatzwirkungen
- Abhängigkeit von Lieferanten
- Risiko bezüglich Preis, Menge, Qualität und Liefergenauigkeit.

Welche der beiden Alternativen die günstigere ist, kann nicht allgemeingültig entschieden werden, sondern ist in der jeweiligen Situation zu überprüfen. In der folgenden Abbildung werden potentielle Vorteile der Eigenfertigung und des Fremdbezugs gegenübergestellt:

Entscheidungs-kriterium	Potentielle Vorteile der Eigenfertigung
Kosten	- Vertriebs- Transport-, Verpackungskosten und Gewinn, die im Absatzpreis des Lieferanten kalkuliert sind, können eingespart werden
Qualität	- sorgfältige und wirksame Qualitätskontrolle kann gewährleistet werden
Absatzwirkungen	- das eigengefertigte Teil, sowie Abfälle und Kuppelprodukte können evtl. in das Absatzprogramm aufgenommen werden - bei entsprechender Vermarktung ("bestmögliche Qualität") kann Eigenfertigung verkaufsfördernde Wirkung haben
Risiko/ Abhängigkeit	- keine speziellen Vorteile gegeben, da auch bei Eigenfertigung mit Lieferanten (der Materialien) zusammengearbeitet werden muß.
	Potentielle Vorteile des Fremdbezugs
Ausgaben	- geringere Lagerkosten insb. bei fertigungssynchroner Beschaffung - der Lieferant erzielt bei standardisierten Erzeugnissen Größenersparnisse, die er im Preis weitergeben kann
Qualität	- bei standardisierten Teilen, die massenhaft produziert werden, kann der Lieferant besonders leistungsfähige Maschinen einsetzen,die hohe Qualität zu günstigen Herstellkosten produzieren - intensive Forschungs- und Entwicklungstätigkeit möglich, die sich für einen Betrieb mit relativ geringen Bedarfsmengen nicht lohnt
Kapitalbedarf	- Investitionen in Produktionsanlagen entfallen
Absatzwirkungen	- kann - falls der Lieferant ein hohes Qualitätsimage aufweist und bei entsprechender Vermarktung - zu Kundenpräferenzen führen.

Abb. 12: Potentielle Vorteile von Eigenfertigung und Fremdbezug

Die Strategie der **Standardisierung** - soweit sie sich auf Einzelteile bezieht, wird sie Normung, soweit sie sich auf Enderzeugnisse und Aggegrate bezieht, wird sie Typung genannt - hat zum Ziel, eine unnötige Vielfalt in den Ausprägungen einzelner Materialarten zu verhindern. Alle fremdbezogenen und selbsterstellten Materialien werden auf ihre Funktion hin untersucht und geprüft, ob nicht mehrere Materialien die gleiche Funktion wahrnehmen. Ist dies der Fall, ist zu entscheiden, welches der bisher verwendeten Materialien nunmehr allein diese Funktion in mehreren Baugruppen und Enderzeugnissen erfüllen soll. Dieses Material wird in seinen Eigenschaften hinsichtlich Größe, Abmessung, Form, Farbe, Qualität u.ä. genau festgelegt- standardisiert.

Durch eine Standardisierung kann der Umfang des zu beschaffenden und zu lagernden Materials und damit die Breite des Beschaffungsprogramms reduziert werden. Dadurch ergeben sich unmittelbare Vorteile der Disposition und Bestellabwicklung, der Lagerhaltung und -verwaltung, sowie die Möglichkeit, durch größere Bestellmengen Preisnachlässe auszuhandeln und eine bessere Transparenz der Beschaffungsmärkte.

Möglichkeiten der **Variation von Qualitäts- und Eigenschaftsanforderungen** und des **Übergangs auf Substitute** werden im Rahmen einer **Wertanalyse** gesucht und geprüft. Das Ziel und die Vorgehensweise der Wertanalyse sollen daher näher beschrieben werden:

Die Wertanalyse wurde als Rationalisierungsinstrument mit dem Ziel der Kostensenkung von Produkten, Dienstleistungen und Arbeitsabläufen entwickelt; die Analyse hat zum Ziel, nicht-notwendige Kosten aufzudecken und kostengünstigere Alternativen mit gleicher oder verbesserter Funktion zu entwickeln.

Konstitutives Merkmal der Wertanalyse ist ein funktionsorientierter Ansatz: das Untersuchungsobjekt wird als Bündel von Funktionen (Aufgaben) betrachtet und damit eine Abstraktion von dem bestehenden Produkt bzw. Arbeitsablauf und der bestehenden Problemlösung erreicht. Bei der Ananlyse werden folgende Unterscheidungen nach Funktionstypen und -klassen vorgenommen:

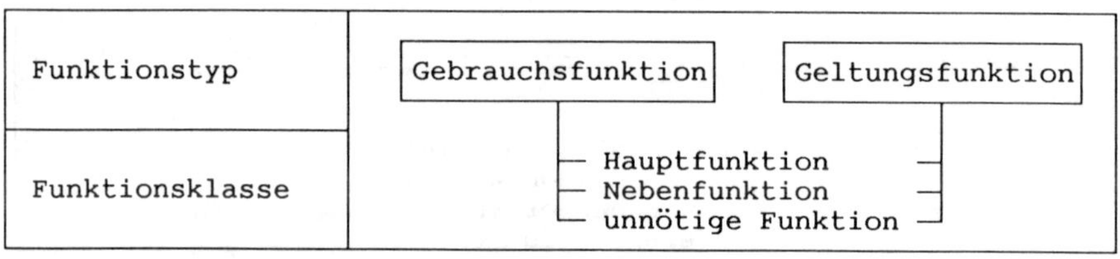

Abb. 13: Funktionen von Produktbestandteilen in der Wertanalyse

Die Gebrauchsfunktion eines Produktes oder -bestandteils besteht im technischen oder wirtschaftlichen Nutzen; befriedigt das Produkt darüber hinaus ästhetische oder Statusbedürfnisse hat es über die Gebrauchsfunktion hinaus Geltungsfunktion.

Von besonderer Bedeutung für die Beschaffung ist die Klassifizierung des Untersuchungsobjekts in Haupt-, Neben- und unnötige Funktionen: Hauptfunktionen sind die eigentliche Aufgabe des Produkt(bestandteils), Nebenfunktionen unterstützen die Hauptfunktion und unnötige Funktionen liegen dann vor, wenn sie weder einen Beitrag zur Unterstützung der Gebrauchsfunktion noch der Geltungsfunktion leisten.

Ein weiteres konstitutives Merkmal der Wertanalyse ist die Durchführung im Team: alle kostenverursachenden und funktionserstellenden Abteilungen werden an der Wertanalyse beteiligt mit dem Ziel, Ressortdenken zu überwinden und einen optimalen Informationsaustausch zwischen Spezialisten zu erreichen.

Für das **Vorgehen der Wertanalyse** wurde ein in der DIN 69910 festgelegtes Schema entwickelt; es sieht folgende Phasen vor:

- **Vorbereitungsphase:** Nachdem ein Untersuchungsobjekt ausgewählt ist, wird eine Arbeitsgruppe gebildet, das Wertanalyse-Ziel formuliert und ein Zeitplan erstellt.
- **Informationsphase:** Ausgehend von einer Beschreibung des Ist-Zustands des Untersuchungsobjekts durch eine technische und wirtschaftliche Untersuchung, eine Ananlyse der Funktionen und der Zuordnung von Kosten zu den Teilfunktionen, wird eine Kritik des Ist-Zustands vorgenommen. Diese besteht zum einen aus einem Vergleich der Ist-Funktionen mit den Anforderungen der Verwender, um unnötige und fehlende Funktionen zu identifizieren, zum anderen aus einer Beurteilung der Angemessenheit der Kosten, die auf die einzelnen Funktionen entfallen. Als Ergebnis der Kritik des Ist-Zustands ergeben sich die Soll-Funktionen und die Soll-Kosten des Untersuchungsgegenstands.
- **kreative Phase:** Unter Einsatz von Kreativitätstechniken werden (auch neuartige) Lösungen zur Erreichung des Soll-Zustands gesucht.
- **Prüfungsphase:** Die in der kreativen Phase entwickelten Lösungsvorschläge werden einer technischen und wirtschaftlichen Überprüfung unterzogen, um die technische Durchführbarkeit und das Einsparungspotential der Vorschläge zu beurteilen.
- **Realisierungsphase:** Der in der Prüfungsphase als optimal erkannte Vorschlag wird von der Geschäftsleitung genehmigt und anschließend eingeführt.

3.2. Lieferanten- und Kontraktpolitik

Die Lieferanten- und Kontraktpolitik gestaltet die Beziehungen zwischen dem beschaffenden und dem bzw. den liefernden Unternehmen.

Ziel der Lieferantenpolitik ist, dem beschaffenden Unternehmen eine genügende Anzahl leistungsfähiger Versorgungsquellen von dauerhafter Existenz und Lieferbereitschaft zu erschließen bzw. zu erhalten.

Die Lieferantenpolitik legt

- die Beschaffungsmärkte
- die bei der Auswahl von Lieferanten zugrundezulegenden Entscheidungskriterien und deren Gewichtung
- die Anzahl der Lieferanten, mit denen zusammengearbeitet werden soll, sowie
- Art und Umfang der Zusammenarbeit mit den Lieferanten

fest.

Die Kontraktpolitik versucht, mit dem Instrument der Vertragsgestaltung die qualitative, mengenmäßige und terminliche Versorgung langfristig zu sichern, langfristig günstige Einstandspreise zu erreichen und Einfluß zu nehmen auf die Lieferzuverlässigkeit der Lieferanten. Maßnahmen der Kontraktpolitik können auch zum Ziel haben, die Abhängigkeit von Lieferanten zu verhindern bzw. zu vermindern und können sich gegen konkurrierende Nachfrager auf dem Beschaffungsmarkt richten.

Wie die nachfolgenden Ausführungen deutlich machen werden, können die Fragen der Lieferantenpolitik nicht unabhängig von der Beschaffungssituation, in der sich das beschaffende Unternehmen befindet und nicht unabhängig von den Fragen der Kontraktpolitik gelöst werden.

Im folgenden werden jedoch zur besseren Verständlichkeit und Übersichtlichkeit die Möglichkeiten der Lieferanten- und Kontraktpolitik nacheinander behandelt. Dabei wird zunächst versucht, die Vor- und Nachteile der Entscheidungsalternativen generell darzustellen; Die Berücksichtigung situativer Aspekte erfolgt im Abschnitt III.5.

Die **Beschaffungsmärkte**, auf denen die Materialien des Beschaffungsprogramms bezogen werden können, werden in der Beschaffungsmarktforschung festgestellt und auf ihre Unterschiede hin untersucht. Bei der Wahl der Beschaffungsmärkte ist zu entscheiden

- ob sich die Beschaffung möglichst auf inländische Lieferanten stützen soll,

- ob eine direkte oder eine indirekte Bezugsform gewählt werden soll.

Ein Vergleich der alternativen Beschaffungsquellen im In- und Ausland wird Unterschiede vor allem im Hinblick auf

- Lieferkapazitäten
- Höhe und Schwankungen der Einstandspreise infolge von Wechselkursschwankungen
- Dauer und Zuverlässigkeit der Transportzeit infolge der Transportentfernung ergeben.

Bei der Wahl der Bezugsform sind die folgenden Vor- und Nachteile des indirekten Bezugs über Absatzmittler zu bedenken:

- bei kleinen Abnahmemengen kann der Einstandspreis durch das Entfallen von Mindermengenzuschlägen bzw. von Mindestabnahmemengen günstiger sein als bei Direktbezug
- bei großen Abnahmemengen wird der Einstandspreis infolge der Realisierung von Mengenrabatten und der entfallenden Handelsspanne ungünstiger sein als bei direktem Bezug
- der Absatzmittler übernimmt üblicherweise die Lagerung und die Lagerrisiken. Die Nachteile bei den direkten Materialkosten können unter Umständen durch Ersparnisse bei den Lagerkosten überkompensiert werden, wenn der Absatzmittler die Lagerfunktion günstiger wahrnimmt oder eine Überwälzung der Lagerfunktion bei Direktbezug wegen unregelmäßigem oder geringem Bedarf nicht möglich ist
- eine Einflußnahme auf die Produktgestaltung des Herstellers ist bei indirektem Bezug nicht möglich.

Eine indirekte Beschaffung kann auch bei großen Abnahmemengen vorteilhaft sein, wenn eine direkte Beschaffung nur im Ausland möglich ist: der Absatzmittler übernimmt in diesem Falle nicht nur das wegen schwankender Transportzeiten erhöhte Lagerrisiko sondern auch die Preisrisiken, die sich durch die Wechselkursschwankungen ergeben.

In Zusammmenhang mit der Auswahl von Lieferanten ist zunächst die Frage zu klären, welche **Kriterien zur Beurteilung potentieller Lieferanten** herangezogen werden sollen und wie diese zu gewichten sind.

Die Entscheidungskriterien der Lieferantenwahl sind aus den strategischen Beschaffungszielen und den strategischen Zielen der übrigen Funktionen abzuleiten.

Aus dem Ziel langfristige Versorgungssicherung hinsichtlich Zeitpunkt, Menge und Qualität ergeben sich die folgenden Entscheidungskriterien:

- Länge der Lieferzeit
- Zuverlässigkeit der Einhaltung der Lieferzeit
- Zuverlässigkeit der angebotenen Produktqualität
- Umfang und Auslastung der Produktionskapazität

Aus dem Ziel Kostensenkung leiten sich die folgenden Entscheidungskriterien ab:

- Einstandspreis
- Lieferungs- und Zahlungsbedingungen
- Beratung und Kundendienstleistungen
- Garantie- und Kulanzleistungen
- Breite des Absatzprogramms (Sammelbestellungen zur Senkung der Transport- und Bestellkosten sowie Aushandeln von Preiszugeständnissen in Abhängigkeit vom Bestellwert sind umso eher möglich, je mehr Beschaffungsobjekte in dem Absatzprogramm zu finden sind)

Aus dem Ziel Vermeidung von (einseitiger) Abhängigkeit leitet sich das folgende Entscheidungskriterium ab:

- Angebotsmacht des Lieferanten

Weitere Entscheidungskriterien, die nicht allein aus den strategischen Beschaffungszielen abzuleiten sind sondern auch die Funktionen Fertigung und Absatz betreffen, sind:

- Fähigkeit und Bereitschaft zu gemeinsamer Wertanalyse, Forschung und Entwicklung
- Kundenkreis des Anbieters (bestehen mit direkten Konkurrenten Geschäftsbeziehungen, sind die Möglichkeiten engerer Zusammenarbeit wegen der Gefahr des Know-How-Transfers eingeschränkt)
- Image und Bekanntheitsgrad des Lieferanten

Die zur Beurteilung potentieller Lieferanten heranzuziehenden Merkmale sind der Beschaffungsmarktforschung als "relevante Informationsinhalte der Lieferantensuche und -analyse" vorzugeben.

Die Ergebnisse der Lieferantensuche und -analyse werden in einer abschließenden Gegenüberstellung verglichen. Dabei tritt das Problem auf, daß die Unterschiede zwischen den Anbietern zum Teil nicht quantifizierbar sind (z.B. die Bereitschaft zu gemeinsamer Wertanalyse) und häufig ihre Wirkung nicht monetär erfassbar ist (z.B. die Wirkung unterschiedlicher Zuverlässigkeit).

Neben diesen Bewertungsproblemen muß eine vergleichende Gegenüberstellung der unterschiedlichen Bedeutung der Lieferantenmerkmale Rechnung tragen. Nicht zuletzt gibt es Beurteilungskriterien, bei denen ein Unterschreiten des Mindestniveaus zur Ablehnung des Anbieters führen muß, auch wenn alle übrigen Beurteilungsmerkmale hervorragend erfüllt werden.

Eine Lösung dieser Bewertungs- und Gewichtungsfragen kann über die Durchführung eines Punktbewertungsverfahrens (Nutzwertanalyse) erreicht werden.

Die Durchführung eines Punktbewertungsverfahrens erfolgt in 3 oder 4 Schritten:

(1) Für alle Beurteilungskriterien kann zunächst ein Mindestniveau festgelegt werden. In die weitere Betrachtung werden nur die Anbieter einbezogen, deren Eigenschaftsprofil bei allen Merkmalen mindestens dem Anforderungsprofil entspricht.

(2) Die Ausprägungen der Beurteilungskriterien werden mit Punktwerten belegt, die die relativen Unterschiede der Lieferanten widerspiegeln sollen und zugleich die unterschiedlichen Dimensionen der Entscheidungskriterien vereinheitlichen.

    Die Beschreibung der Ausprägungen, die zu einem bestimmten Punktwert zugeordnet werden, sollte möglichst operational erfolgen, um die Bewertung realer Ausprägungen zu erleichtern. Zudem sollte die Zuordnung von Punktwerten zu Ausprägungen berücksichtigen, daß eine Ausprägung, die den doppelten Punktwert erhält, bei der Gesamtbewertung einen c.p. zweifachen Nutzen der Merkmalsausprägung impliziert.

    Die maximal erreichbare Punktzahl kann willkürlich festgelegt werden. Allerdings ist zu bedenken, daß eine hohe maximale Punktzahl eine hohe Differenzierung der Ausprägungen impliziert und eine sinnvolle Einstufung realer Ausprägungen mit steigendem maximalem Punktwert immer schwieriger wird. Eine maximale Punktzahl von 10 ist häufig ausreichend.

(3) Jedes Beurteilungskriterium wird mit einem Gewichtungsfaktor entsprechend seiner relativen Bedeutung versehen. Die Punktwerte der Merkmalsausprägungen werden mit dem Gewichtungsfaktor multipliziert. Das Ergebnis wird als Teilnutzenwert bezeichnet.

(4) Die gewichteten Punktwerte können als dimensionslose Nutzenkennziffern addiert werden, um zu einer Gesamtbewertung der Anbieter zu gelangen.

Die Vorgehensweise und die Ergebnisse der Schritte 3 und 4 demonstriert das folgende Beispiel:

Kriterien	Gewichtung	Lieferant A Bewertung	Lieferant A Nutzen	Lieferant B Bewertung	Lieferant B Nutzen
Produktqualität	0,40	6	2,4	8	3,2
Lieferzeit	0,20	5	1,0	5	1,0
Lieferzuverläs.	0,30	7	2,1	4	1,2
Kapitalkraft	0,05	6	0,3	7	0,35
Kapazität	0,05	8	0,4	5	0,25
Summe	1,00		6,2		6,00

Das Punktbewertungsverfahren ermittelt nicht nur den optimalen Lieferanten sondern auch eine Rangordnung unter den Lieferanten mit Informationen über Art und Umfang der Leistungsunterschiede zwischen den Lieferanten. Diese Ergebnisse können im Rahmen von Verhandlungen, zur Förderung und Beeinflussung von Lieferanten und als Entscheidungsgrundlage für die im Anschluß diskutierten Fragen der **Zusammenarbeit mit Stammlieferanten** genutzt werden.

Im Anschluß an die Beurteilung von potentiellen Lieferanten stellt sich die Frage, ob Lieferanten, mit denen bereits Lieferbeziehungen unterhalten werden, bei der Vergabe von Aufträgen bevorzugt behandelt werden sollen und auf wieviel Lieferanten ein gegebenes Bedarfsvolumen verteilt werden soll. Damit wird die Frage gestellt, ob sich die Unternehmung an Stammlieferanten binden soll oder ob bei jeder Beschaffungsentscheidung **alle** potentiellen Lieferanten neu zur Disposition gestellt werden sollen (Spotkauf).

Zur Beurteilung dieser Frage sind die in der jeweiligen Situation geltenden Vor- und Nachteile von Stammlieferanten gegeneinander abzuwägen.

Die Zusammenarbeit mit einem Stammlieferanten kann die folgenden Vorteile aufweisen:

- eine langfristige Versorgungssicherung hinsichtlich Menge, Termin und Qualität ist durch Abschluß langfristiger Verträge möglich (Vgl. die Ausführungen zur Kontraktpolitik)
- langfristige Preisvereinbarungen sind im Rahmen der Kontraktpolitik möglich
- der Abschluß langfristiger Verträge ermöglicht dem Lieferanten evtl. Preiszugeständnisse, da er bei seiner Investitions-, Produktions- und Absatzplanung von gesicherten Absatzmengen ausgehen kann
- Beteiligung des Lieferanten an langfristigen Wertanalyse- und Forschungs- und Entwicklungsprojekten möglich

- geringere Transaktionskosten (Bestellabwicklungskosten), da die Vertragspartner einander kennen und wichtige Vertragsinhalte langfristig ausgehandelt werden können
- evtl. Gegengeschäfte möglich
- bei temporärer Lieferunfähigkeit des Lieferanten wird der Stammkunde bevorzugt beliefert.

Diesen Vorteilen stehen potentielle Gefahren gegenüber:

- abnehmender Wettbewerb unter den Lieferanten, wenn andere Lieferanten keine Chance sehen, das Unternehmen als Kunden zu gewinnen; dies kann sich auf Preis, Produktqualität und Lieferservice auswirken, die vom Lieferanten und insgesamt in der Branche angeboten werden.

- Abhängigkeit vom Stammlieferanten; diese hat zur Folge, daß der Abnehmer Preiserhöhungen, Qualitäts- oder Lieferserviceverschlechterungen hinnehmen muß. Bei kurzfristigem oder dauerhaftem Lieferausfall steht (zumindest kurzfristig) kein Ersatz-Lieferant zur Verfügung.

Eine Strategie zur Nutzung der Vorteile von Stammlieferanten und zur Vermeidung der Nachteile besteht in der Zusammenarbeit mit mehreren Stammlieferanten durch ein gezieltes Bedarfssplitting: das Beschaffungsvolumen wird mengenmäßig und/oder regional auf mehrere Stammlieferanten aufgeteilt. Durch eine Quotenverteilung entsprechend der Leistungsfähigkeit der Lieferanten wird der Wettbewerb zwischen den Lieferanten angeregt und die Abhängigkeit von einem Lieferanten vermieden. Bei Ausfall eines Lieferanten können andere Lieferanten, denen der Bedarf bekannt ist, kurzfristig einspringen.

Die Strategie des Bedarfssplitting kann den Nachteil haben, daß Preiszugeständnisse durch die Abnahmemenge geringer sind als bei Zusammenarbeit mit **einem** Stammlieferanten.

Die Strategie des Bedarfssplitting ermöglicht es, neue Lieferanten zu fördern und auszubauen, ohne auf die Kostenvorteile gänzlich zu verzichten, die sich aus der Zusammenarbeit mit dem Marktführer mit der größten kumulierten Erfahrung ergeben.

3.3. Kontraktpolitik

Die Vorteile der Erzielung günstiger Einstandspreise, der geringeren Transaktionskosten und der Versorgungssicherung können nur dann erzielt werden, wenn mit den Stammlieferanten langfristige Verträge abgeschlossen werden.

Die im Rahmen der **Kontraktpolitik** abzuschliessenden Verträge unterscheiden sich insbesondere durch den Grad der Detailliertheit, mit dem die Vertragsinhalte

- das zu beziehende Produkt
- Zahlungs- und Lieferkonditionen
- Bezugsmengen
- Abruf- bzw. Lieferzeitpunkte
- Preise
- Gewährleistungsansprüche
- Sanktionen bei Qualitätsmängeln, Terminüberschreitungen und Minderlieferungen

langfristig festgelegt werden.

Als **Rahmenvertrag** werden langfristige Lieferverträge bezeichnet, die eine genaue Beschreibung der Qualitäts- und Eigenschaftsanforderungen des zu beschaffenden Produkts beinhalten und Zahlungs- und Lieferkonditionen fixieren.

Rahmenverträge treffen in der Regel keine langfristigen Preisvereinbarungen; enthalten sie Angaben über die gesamte Bezugsmenge einer Periode, sind diese als Absichtserklärung und nicht als Abnahmeverpflichtung zu betrachten. Rahmenverträge führen in erster Linie zu einer Senkung der Transaktionskosten. Da dem Lieferanten keine Absatzmengen zugesichert werden, ist seine Bereitschaft zu Preiszugeständnissen geringer als bei Abschluß der sog. Abrufverträge.

Abrufverträge legen über die Vereinbarungen des Rahmenvertrags hinaus die Menge fest, die in einem bestimmten Zeitraum abgenommen werden **muß**. Hinsichtlich der jeweiligen Abrufmengen werden häufig Höchst- und Mindestmengen festgelegt.

Der Abschluß von Abrufverträgen sichert langfristig die mengenmäßige und qualitative Versorgung der Produktion mit Material. Die zugesicherte Absatzmenge veranlasst den Lieferanten zu Preiszugeständnissen. Diesen Vorteilen steht der Nachteil der Abnahmeverpflichtung bei sinkendem Materialbedarf gegenüber.

Sukzessivlieferverträge sind die Voraussetzung für die Realisierung einer einsatzsynchronen Beschaffung, bei der die jeweils benötigte Materialmenge ohne Zwischenlagerung an die jeweilige Fertigungsstufe geliefert wird.

Sukzessivlieferverträge legen über die Vereinbarungen des Abrufvertrages hinaus die Lieferzeitpunkte und Abnahmemengen fest.

Abruf- und Sukzessivlieferverträge enthalten langfristige Preisvereinbarungen. Diese können als

- unbestimmte Preisvorbehaltsklauseln,
- Festpreise oder
- Preisgleitklauseln

ausgestaltet sein.

Unbestimmte Preisvorbehaltsklauseln wie "freibleibend", "bestens", "gültig ist der am Tag der Lieferung gültige Listenpreis" nehmen dem Einkäufer jede Möglichkeit, auf den Preis Einfluß zu nehmen oder auch nur mit den Fest- oder Gleitpreisen anderer Lieferanten zu vergleichen. Gleichzeitig besteht aus juristischen und/oder versorgungstechnischen Gründen eine Abnahmeverpflichtung des beschaffenden Unternehmens. Sie sollten dehalb nur bei hoher Lieferantenmacht akzeptiert werden.

Der Abschluß von Festpreisen ist bei starken Preisschwankungen auf dem Beschaffungsmarkt des Lieferanten für den Abnehmer und den Lieferanten mit hohem Risiko verbunden.

Bei der Verhandlung über Festpreise wird der Lieferant versuchen, einen Preis zu vereinbaren, der die obere Grenze zu erwartender Kostensteigerungen (insbesondere bei Löhnen und Material) auffängt. Bei einer Überschätzung zukünftiger Kostensteigerungen kann dabei der Kunde übervorteilt werden, ohne daß dies in der Absicht des Lieferanten lag. Werden die Lohn- und/oder Materialkostensteigerungen unterschätzt, können diese (bei gegebenem Mengengerüst) für den Lieferanten existenzbedrohende Verluste verursachen, die insbesondere dann, wenn eine langfristige partnerschaftliche Zusammenarbeit mit dem Lieferanten gewünscht wird, nicht im Interesse der beschaffenden Unternehmung liegen können.

Um die Effekte einer Kalkulation, die von einer falschen Prognose des Preisgerüsts ausgehen, in den Griff zu bekommen, wurde das Instrument der Preisgleitklausel entwickelt.

Bei der Preisgleitklausel wird die Fixierung des endgültig relevanten Preises von der Preisentwicklung bestimmter Elemente, wie z.B. Löhnen oder Materialpreisen, abhängig gemacht.

Die Wirkungsstärke der einzelnen Elemente (Kostenbestandteile) wird ex ante formelmäßig festgelegt. Die Formel einer mathematischen Preisgleitklausel lautet allgemein:

$$P_1 = P_0 * \left(a + \frac{b*K1_1}{K1_0} + \frac{c*K2_1}{K2_0} + \ldots + \frac{z*Kn_1}{Kn_0} \right)$$

P: Preis
a,b...z: Anteile der Kosten in%
K1,...Kn: Kosten
Index 1: Kosten bzw. Preis am Abrechnungsstichtag
Index 0: Kosten bzw. Preis am Basisstichtag

Die meisten in der Praxis verwendeten Preisformeln enthalten Material- und Lohnanteile:

$$P_1 = P_0 * \left(a + \frac{m*M_1}{M_0} + \frac{l*L_1}{L_0} \right)$$

Dabei bezeichnen:

a = nicht gleitender Preisanteil
m = Anteil der Materialkosten am Preis
l = Anteil der Lohnkosten am Preis
M_0 = Materialkosten am Basisstichtag
M_1 = Materialkosten am Abrechnungsstichtag
L_0 = Lohnkosten am Basisstichtag
L_1 = Lohnkosten am Abrechnungsstichtag

Der Preis wird also aufgespalten in einen prozentualen Material- und einen prozentualen Lohnkostenanteil sowie einen unveränderlichen Preisbestandteil.

Beispiel:

Die Vertragspartner einigen sich darauf, daß der Materialanteil 30%, der Lohnanteil 50% und der unveränderliche Preisbestandteil 20% betragen soll.

Als Werkstoff, der die Entwicklung der Materialkosten widerspiegeln soll, wird Gußeisen festgelegt. Die Entwicklung der Lohnkosten wird am Facharbeitecklohn gemäß Manteltarifvertrag für Arbeiter der Metallindustrie in Baden-Württemberg gemessen.

Als Basisstichtag wird der Tag des Vertragsabschlusses, als Abrechungsstichtag der Tag der Lieferung vereinbart.

Am Basisstichtag wird ein Preis von 100 000 DM ausgehandelt. Auf der Grundlage des derzeit gültigen Stundenlohns für Facharbeiter von 10 DM und eines Gußpreises von 110 DM ergibt sich die folgende Preisgleitklausel:

$$P_1 = \frac{100.000}{100} * \left(20 + \frac{30*M_1}{110} + \frac{50*L_1}{10} \right)$$

Beträgt der Gußpreis am Tag der Lieferung 105 und der Lohn 12 DM beträgt der gültige Preis:

$$P_1 = \frac{100.000}{100} * \left(20 + \frac{30*105}{110} + \frac{50*12}{10} \right)$$

$$P_1 = 108.636$$

Bei Vertragsabschlüssen, die eine Preisgleitklausel enthalten sollen, stehen die Vertragspartner vor dem Problem,

- die Gewichtungsfaktoren a, m und l sowie
- die Basiswerte und Stichtage von P, M und L festzulegen.

Die Erkenntnisse der Beschaffungsmarktforschung und der Preisstrukturanalyse können bei diesen Vertragsinhalten eine wesentliche Hilfe sein.

Zu den nahezu unveränderlichen Kosten des Lieferanten zählen insbesondere Mieten und Pachten, kalkulatorische Zinsen und Abschreibungen. Ihr Anteil liegt in der Praxis bei mindestens 10% und kann zumindest näherungsweise durch eine Preisstrukturanalyse festgestellt werden.

Der Material- und Lohnkostenanteil wird in der Praxis häufig en bloc ausgewiesen. In der Regel werden jedoch mehrere Materialarten als Erzeugnisstoffe eingesetzt. In diesem Fall muß ein Werkstoff festgelgt werden, der der Gleitung unterliegen soll. Hierbei hat der Lieferant das Interesse, einen Werkstoff anzugeben, dessen Preissteigerung mit hoher Wahrscheinlichkeit vorauszusehen ist. Ein Preisanstieg des entsprechenden Werkstoffes hat zur Folge, daß der Preisanstieg automatisch für den gesamten Materialkostenanteil gilt, auch wenn die Preise der anderen Werkstoffe gesunken sind, nicht oder nicht so stark gestiegen sind. Diesem Problem kann dadurch begegnet werden, daß die wichtigsten Materialarten in ihren Anteilen differenziert werden und explizit in der Preisformel berücksichtigt werden.

In die Preisgleitklausel können zudem nur solche Materialarten explizit aufgenommen werden, die in ihrer Preisentwicklung auf der Basis veröffentlichter und von beiden Vertragsparteien akzeptierten Indizes nachgewiesen werden können.

Analoge Überlegungen gelten für die Festlegung des Lohn-Basiswerts.

Das Gesetz zur Regelung des Rechts der allgemeinen Geschäftsbedingungen (AGBG) lässt die Vereinbarung von Preisänderungsklauseln nur dann zu, wenn

- es sich um Verträge mit einer Laufzeit von über 4 Monaten handelt,
- die Klausel auf maßgebliche Kostenbestandteile abgestellt ist und
- die angesetzte Gewichtung der tatsächlichen Kostenstruktur entspricht.

3.4. Lagerpolitik

Mit der **Wahl des Bereitstellungsprinzips** wird eine strategische Entscheidung über die Notwendigkeit der Ausgleichslagerhaltung getroffen.

Grundsätzlich bestehen 2 Möglichkeiten, die Aufgabe der Bereitstellung zu lösen:

- Bedarfsdeckung ohne Vorratshaltung und
- Bedarfsdeckung mit Vorratshaltung.

Bei der Bedarfsdeckung ohne Vorratshaltung ist zu unterscheiden, ob die Bereitstellung aufgrund eines speziellen Einzelbedarfs oder aufgrund eines wiederkehrenden Massenbedarfs vorgenommen wird; damit lassen sich 3 Prinzipien der Materialbereitstellung ableiten:

- das Prinzip der Vorratsbeschaffung
- das Prinzip der Einzelbeschaffung im Bedarfsfall (hand-to-mouth-buying)
- das Prinzip der einsatzsynchronen Anlieferung (Prinzip der lagerlosen Sofortverwendung)

Das **Prinzip der Vorratsbeschaffung** ist gekennzeichnet durch Beschaffung von im Vergleich zu den Bedarfsmengen einzelner Zeitpunkte relativ großen Materialmengen, die im eigenen Unternehmen gelagert werden und der Fertigung nach Bedarf zur Verfügung stehen. Die Materialien werden in größeren Mengen und/oder zeitlich vor dem Bedarfszeitpunkt beschafft, so daß Bedarfs- und Beschaffungsmenge kurzfristig nicht übereinstimmen.

Die Materialbeschaffung wird in periodischen Zeitabständen, verbrauchtsorientiert, programmgesteuert oder spektulativ durchgeführt.

Bei der Beschaffung in periodischen Zeitabständen wird der Materialbestand im Lager in festgelegten Zeitabständen überprüft und eine gleichbleibende Bestellmenge oder eine Menge bis zu einem definierten Sollbestand bestellt (vgl. die Ausführungen zum Bestellrhythmussystem in Abschnitt IV. 3.1.2.1).

Die verbrauchsorientierte Beschaffung ist dadurch gekennzeichnet, daß eine Bestellung erfolgt, wenn der verfügbare Lagerbestand ein definiertes Mindestniveau erreicht oder unterschritten hat. Bei ungleichmäßigem Lagerabgang sind auch die Zeiträume zwischen den Bestellungen unterschiedlich lang (Vgl. die Ausführungen zum Bestellpunktverfahren in Abschnitt IV. 3.1.2.2).

Die programmgesteuerte Beschaffung macht ihre Entscheidungen über Bestellzeitpunkte und -menge nicht vom Verbrauch in der Vergangenheit abhängig sondern vom zukünftig geplanten Produktionsprogramm - (vgl. die Ausführungen zur programmgesteuerten Beschaffungsdisposition in Abschnitt IV 3.2).

Die spektulative Beschaffung macht die Beschaffung nicht vom Verstreichen eines vorgegebenen Zeitraums oder dem Erreichen eines Lagerbestands abhängig sondern von Erwartungen über Preissteigerungen bzw. Versorgungsstörungen am Beschaffungsmarkt. (Vgl. die Ausführungen zur Bestellmengenbestimmung bei Preiserhöhungen und Sonderpreisen im Abschnitt IV 3.3)

Das Prinzip der Vorratsbeschaffung wird vor allem für laufend benötigtes Material angewendet. Durch die Bildung größerer Bestellmengen werden die Beschaffungshäufigkeit und damit die Bestellkosten niedrig gehalten; durch die Ausnutzung von Transportkostendegressionseffekten, Mengenrabatten und die Wahl günstiger Beschaffungszeitpunkte können günstige Einstandspreise erzielt werden. Die gelagerten Materialien sind sofort verfügbar, wenn kurzfristige Umstellungen der Produktion erforderlich sind. Die hohen Materialbestände sichern auch ohne Sicherheitsbestände eine hohe Lieferbereitschaft. Die Lagerhaltung verursacht jedoch hohe Kosten.

Bei dem Prinzip der Einzelbeschaffung im Bedarfsfall und dem Prinzip der einsatzsynchronen Beschaffung wird die Ausgleichslagerhaltung überflüssig. Beide Prinzipien sehen vor, daß Bedarf und Beschaffung mengenmäßig und zeitlich auch kurzfristig übereinstimmen.

Bei der **Einzelbeschaffung im Bedarfsfall** wird das benötigte Material erst zu dem Zeitpunkt beschafft, wenn sein Bedarf feststeht.

Es findet hauptsächlich bei auftragsorientierter Einzelfertigung Anwendung, wenn für die verschiedenen Produkte jeweils andere Einsatzgüter benötigt werden und das Material kurzfristig am Markt beschafft werden kann sowie bei Materialien oder Betriebsmitteln, die einen sporadischen oder nicht-planbaren Bedarf aufweisen.

Diese Art der Beschaffung kann zu erheblichen zeitlichen Verzögerungen und einer Erschwerung der Terminplanung führen. Dafür entstehen geringe Kosten der Lagerhaltung. Eine Gefahr der Veralterung der bezogenen Güter besteht nicht. Aufgrund der Einzelbeschaffung können aber die Einstandspreise im Vergleich zur Vorratsbeschaffung höher werden.

Die **einsatzsynchrone Beschaffung** findet hauptsächlich in der Serien- und Massenfertigung Anwendung. Die Materialien werden vom Lieferanten unmittelbar vor Beginn der Fertigung ohne Zwischenlagerung geliefert. Bei diesem Prinzip der lagerlosen Sofortverwendung wird versucht, die Vorteile der Einzelbeschaffung im Bedarfsfall und der Vorratsbeschaffung zu verbinden und deren Nachteile durch den Abschluß von Sukzessivlieferverträgen zu vermeiden.Die Unternehmung ist in diesem Falle in besonderem Maße von der Lieferzuverlässigkeit des Lieferanten abhängig: ein Ausfall der Lieferung wird bei dieser Art der Bereitstellung zu kostenintensiven Unterbrechungen der Fertigung führen.

Eine einsatzsynchrone Anlieferung setzt eine exakte Planung der Produktionsmengen und -termine voraus. Diese bildet die Grundlage für eine exakte Planung der Bedarfsmengen und -termine und damit der gewünschten Liefertermine und Bestellmengen (vgl. die Ausführungen zur programmorientierten Bedarfsplanung in Abschnitt IV. 3.2.1.)

Die strategische Entscheidung über das Bereitstellungsprinzip wird demnach vor allem von dem Fertigungs- und Absatzprogramm des Unternehmens beeinflußt. Dabei muß nicht für alle Materialien das gleiche Bereitstellungsprinzip angewendet werden.

Für die Wahl des Bereitstellungsprinzips von Bedeutung ist neben dem Produktionsprogramm insbesondere der relative Verbrauchswert der Materialien sowie besondere Anforderungen des Materials an die Lagerung.

Materialien mit geringem relativem Verbrauchswert, die laufend benötigt werden und deren Lagerung keine hohen Kapitalbindungskosten verursacht, werden in der Regel im Prinzip der Vorratsbeschaffung bereitgestellt. Bei Materialien mit hohem relativem Verbrauchswert und/oder sporadischem Bedarf und bei nicht oder nur zu hohen Kosten lagerfähigen Gütern (verderbliche, gefährliche, sperrige Güter) wird versucht, die Ausgleichlagerhaltung zu vermeiden.

Hat sich die Unternehmung für das Prinzip der Vorratsbeschaffung entschlossen, sind Entscheidungen über Anzahl und Standort(e) des(r) Lager(s) sowie über die technische Ausgestaltung des(r) Lager(s) zu treffen.

Bezüglich der hierbei zur Wahl stehenden Gestaltungsalternativen, ihrer Vor- und Nachteile und Bestimmungsfaktoren ihrer Vorteilhaftigkeit wird auf die Spezialliteratur verwiesen.

Neben der Wahl des(r) Bereitstellungsprinzips(ien) umfasst die Lagerpolitik die Entscheidung über

- den Auf- bzw. Abbau strategischer Sicherheitslager zur langfristigen Versorgungssicherung und zum Aufbau einer Nachfragemacht und
- den Auf- bzw. Abbau strategischer Spekulationslager zum Schutz vor Preissteigerungen.

Hierauf wird bei der Behandlung von Strategien zur Beeinflussung und Ausnutzung strategischer Beschaffungssituationen eingegangen.

(Vgl. die Ausführungen zur Entwicklung von Beschaffungsstrategien in Abschnitt III 5.2 und 5.3)

4. Die strategische Situationsanalyse und -prognose mit der Portfolio-Technik

4.1. Ziel und Vorgehen der Portfolio-Technik

Der Grundgedanke der Portfolio-Technik stammt ursprünglich aus dem Finanzbereich. Die von MARKOWITZ formulierte Portfolio-Selection-Theorie setzte sich mit der Frage auseinander, wie man ein Wertpapier-Depot (Portfeuille) unter Beachtung von Risiko- und Renditegesichtspunkten optimal zusammensetzt. Da sich die grundsätzliche Idee und Vorgehensweise der Portfolio-Methode von den konkreten Inhalten abstrahieren läßt, wurde sie auch auf den Absatzbereich übertragen und wurde zuerst von der amerikanischen Unternehmensberatung McKinsey auf den Beschaffungsbereich angewendet.

Die Anwendung der Portfolio-Methode in der Beschaffung hat zum Ziel, auf der Basis einer strategischen Situationsanalyse und status-quo-Prognose

- Bedrohungen, die vom Beschaffungsmarkt ausgehen, zu erfassen und
- Chancen, die der Beschaffungsmarkt bietet, offenzulegen.

Auf der Grundlage dieser Erkenntnisse sollen dann Beschaffungsstrategien entwickelt werden, die der Situation am Beschaffungsmarkt angemessen und der Position des beschaffenden Unternehmens angepasst sind.

Die Situationsanalyse erfolgt in 3 Schritten:

(1) Abgrenzung und Auswahl der zu analysierenden strategischen Ressourceneinheiten

(2) Ermittlung und Klassifikation von Erfolgsfaktoren für die festgelegten strategischen Ressourceneinheiten

(3) Positionierung der strategischen Ressourceneinheiten in einer Matrix.

Die einzelnen Schritte werden in den nachfolgenden Abschnitten begründet und erläutert.

4.2. Abgrenzung und Auswahl der strategischen Ressourceneinheiten

Die Unternehmung steht einer Vielzahl von Beschaffungsmärkten gegenüber, die sich durch die Merkmale der Beschaffungsobjekte und die Marktbedingungen unterscheiden. Für jeden dieser Märkte müsste eigentlich die optimale Anpassungs- bzw. Beeinflussungsstrategie entwickelt und anschließend die Strategien aufeinander abgestimmt werden. Dies ist in den meisten Fällen weder sinnvoll noch durchführbar. Daher wird versucht, die Vielzahl der unterschiedlichen Beschaffungsmärkte zu größeren Einheiten homogener Beschaffungsmärkte - strategischen Ressourceneinheiten - zusammenzufassen und für diese Strategien zu entwickeln.

Die Abgrenzung der strategischen Ressourceneinheiten kann erfolgen nach:

- den Merkmalen und Anforderungen der Beschaffungsobjekte: gefährliche Güter/problemlose Güter, Massenware/Einzelstücke, hohes/geringes Bedarfsvolumen etc.
- regionalen Gesichtspunkten: Beschaffung im Inland/Ausland
- den Merkmalen potentieller oder aktueller Lieferanten: geringe/hohe Anzahl potentieller Lieferanten, geringe/hohe Kapazitätsauslastung der Lieferanten

Die Zusammenfassung der Beschaffungsmärkte zu strategischen Ressourceneinheiten muß folgende Anforderungen erfüllen:

- Unabhängigkeit des Handlungspotentials: die Abgrenzung der strategischen Ressourceneinheiten muß so erfolgen, daß die

Verfolgung unterschiedlicher Strategien für die Ressourceneinheiten möglich ist. Unabhängigkeit des Handlungspotentials liegt beispielweise dann nicht vor, wenn auf einer Fertigungsanlage zwei Materialarten produziert werden, die zwei verschiedenen Ressourceneinheiten zugeordnet wurden. In diesem Fall wäre es nicht möglich, unterschiedliche Strategien der Beschaffungsprogrammpolitik zu realisieren: eine Entscheidung für oder gegen Fremdbezug muß in diesem Falle für beide Materialien getroffen werden.

- Unabhängigkeit des Erfolgspotentials: die Abgrenzung der strategischen Ressourceneinheiten muß so erfolgen, daß sich die Erfolge aufgrund unterschiedlicher Strategien nicht gegenseitig beeinträchtigen. Unabhängigkeit des Erfolgspotentials liegt beispielweise dann nicht vor, wenn von einem Lieferanten zwei Materialarten bezogen werden, die zwei verschiedenen Ressourceneinheiten zugeordnet wurden. In diesem Fall wäre es nicht möglich, ohne Einfluß auf die jeweils andere Ressourceneinheit unterschiedliche Strategien der Lieferantenpolitik zu realisieren.
- gleiche strategische Erfolgsfaktoren: strategische Erfolgsfaktoren sind bestimmte Merkmale des Beschaffungsobjektes, der nachfragenden Unternehmung und des anbietenden Lieferanten, die für die Erreichung der strategischen Beschaffungsziele Kostenminimierung, Versorgungssicherung und Unabhängigkeit von entscheidender Bedeutung sind. Die Abgrenzung der strategischen Ressourceneinheiten muß so erfolgen, daß die Erfolgsfaktoren der dort zusammengefassten Beschaffungsobjekte und -märkte die gleichen Ausprägungen haben. Das bedeutet, daß in einer strategischen Ressourceneinheiten beispielsweise nur solche Beschaffungsobjekte zusammengefasst werden sollen, die sich durch eine hohe Macht des Lieferanten auszeichnen.

4.3. Ermittlung und Klassifikation von Erfolgsfaktoren

Strategische Erfolgsfaktoren der strategischen Ressourceneinheiten sind

- Merkmale des Beschaffungsobjektes,
- Merkmale des Angebots und/oder
- Merkmale der Nachfrage,

die für die Erreichung der strategischen Beschaffungsziele von Bedeutung sind.

Aus Gründen der Darstellung in einer zweidimensionalen Matrix werden die Erfolgsfaktoren jeweils 2 Klassen zugeordnet. Für die Beschaffung von besonderer Bedeutung sind die Faktoren, die auf die Erreichung des strategischen Ziels **Versorgungssicherung** einwirken. Hierbei werden in der ersten Klasse von Erfolgsfaktoren diejenigen erfasst, die das vom Beschaffungsmarkt ausgehende Versorgungsrisiko beeinflussen. In der zweiten Klasse der Erfolgsfaktoren werden die Merkmale der beschaffenden Unternehmung erfasst, die die Anfälligkeit der beschaffenden Unternehmung gegenüber Versorgungsstörungen bestimmen:

Risikofaktoren:

- Ausmaß der Abhängigkeit vom Ausland
- Gefahr politisch bedingter Versorgungsstörungen
- Gefahr künstlich erzeugter Angebotsverknappung
- Störanfälligkeit des Transportweges
- Wettbewerbsstruktur des Beschaffungsmarktes
- langfristige Verfügbarkeit der Ausgangsstoffe im Vergleich zur Gesamtnachfrage

Anfälligkeitsfaktoren:

- Vorhandensein von Substitutionsgütern
- Möglichkeiten zur Vorratshaltung
- Flexibilität der Produktion
- Bedeutung des entsprechenden Absatzproduktes für den Absatzerfolg der beschaffenden Unternehmung
- Bedeutung des Lieferservice des entsprechenden Absatzproduktes

Die Anfälligkeit der beschaffenden Unternehmung wird damit durch die Höhe der entstehenden Fehlmengenkosten bestimmt, die im Falle von Versorgungsengpässen bzw. kurz- oder langfristigen Lieferausfällen entstehen.

Die strategische Situationsanalyse untersucht neben den Risiko- und Anfälligkeitsfaktoren auch die Erfolgsfaktoren, die die **relative Machtposition** der beschaffenden Unternehmung bestimmen. Diese hat Bedeutung für die Erreichung aller strategischen Beschaffungsziele. In der ersten Klasse von Erfolgsfaktoren werden hier die Faktoren zusammengefasst, die eine Aussage über die Angebotsmacht zulassen, in der zweiten Klasse von Erfolgsfaktoren werden die Merkmale der beschaffenden Unternehmung erfasst, die seine Nachfragemacht bestimmen:

Angebotsmacht-Faktoren:

a) Beschaffungsmarktdaten
   - Anzahl Anbieter
   - Verteilung der Marktanteile auf die Anbieter
   - Möglichkeit des Auftretens neuer Anbieter
   - Einzigartigkeit des Produkts
   - Knappheit des Gesamtangebots im Vergleich zur Gesamt nachfrage

b) Lieferantendaten
   - Anteil des Lieferanten am Gesamtmarkt
   - Leistungsfähigkeit des Lieferanten

- Kapazitätsauslastung
- Gewinnschwelle im Vergleich zur Kapazitätsauslastung

Nachfragemacht-Faktoren:

a) Merkmale des Bedarfs
   - Anteil des Bedarfs an der Gesamtnachfrage des Marktes
   - Jährliche Steigerung des Bedarfs

b) Merkmale der nachfragenden Unternehmung
   - Möglichkeit des Übergangs auf Eigenfertigung
   - Möglichkeit der Lieferantenentwicklung und -förderung
   - Möglichkeit der Weitergabe von Preissteigerungen
   - Ertragskraft der Folgeprodukte
   - Höhe der Fehlmengenkosten bei Lieferausfall

4.4. Positionierung der strategischen Ressourceneinheiten

Die Ergebnisse der Situationsanalyse erlauben eine Kategoriesierung der strategischen Ressourceneinheiten in einem sog. **Portfolio**, das jeweils die Ergebnisse der Unternehmens- und Umweltanalyse abbildet.

Im Risiko-Anfälligkeits-Portfolio werden die strategischen Resourceneinheiten jeweils danach klassifiziert, ob sie einem geringen oder hohen Versorungsrisiko ausgesetzt sind (Ergebnis der Umweltanalyse), und ob sie eine geringe oder hohe Anfälligkeit gegenüber Versorgungsengpässen oder Lieferausfällen aufweisen (Ergebnis der Unternehmensanalyse).

Die Kombination der Klassifikationen ergibt die Positionierung in einem der 4 Felder des Risiko-Anfälligkeits-Portfolios:

Risiko	hoch	I	II
	gering	III	IV
		gering	hoch
		Anfälligkeit	

Abb. 14: Risiko-Anfälligkeits-Portfolio

Die Positionierung im Risiko-Anfälligkeits-Portfolio ergibt:

Kategorie I: hohes Risiko bei geringer Anfälligkeit
Kategorie II: hohes Risiko bei hoher Anfälligkeit, sog. kritische Einkaufsprodukte
Kategorie III: geringes Risiko bei geringer Anfälligkeit
Kategorie IV: geringes Risiko bei hoher Anfälligkeit

Im Marktmacht-Portfolio wird die Stellung der betrachteten strategischen Ressourceneinheiten am Beschaffungsmarkt dargestellt, indem sie bezüglich der Eigenheiten des Beschaffungsmarktes und der Merkmale der Lieferanten einerseits (Umweltanalyse) und bezüglich der Eigenheiten des Bedarfs und der Merkmale des eigenen Unternehmens (Unternehmensanalyse) andererseits klassifiziert werden:

Angebotsmacht	hoch	I	II
	gering	III	IV
		gering	hoch
		Nachfragemacht	

Abb. 15: Marktmacht-Portfolio

Die Positionierung im Marktmacht-Portfolio zeigt drei Kategorien von Ressourceneinheiten:

Kategorie I: Stärke des Lieferanten ist höher als die Nachfragemacht des beschaffenden Unternehmens
Kategorie II: ausgeglichenes Machtverhältnis zwischen Lieferanten und beschaffendem Unternehmen
Kategorie III: Das Unternehmen verfügt über eine im Vergleich zur Angebotsmacht hohe Nachfragemacht

Um eine eindeutige Zuordnung der strategischen Ressourceneinheiten in eines der 4 Felder zu erhalten ist es erforderlich,

- die Erfolgsfaktoren zu operationalisieren, d.h. deren Merkmalsausprägungen messbar zu machen, und
- die Erfolgsfaktoren zu gewichten.

Beispielhaft sind in der nachfolgenden Tabelle einige Erfolgsfaktoren und deren Operationalisierung aufgeführt:

Nachfragemacht	hoch	gering
Möglichkeit der Preisweitergabe	Preisveränderung > Kostenveränderung	Preisveränderung < Kostenveränderung
Fehlmengenkosten bei Lieferausfall	< 10.000 DM pro Tag	> 100.000 DM pro Tag
Möglichkeiten der Vorratslagerhaltung	gut	schlecht
Vorhandensein von Substitutionsgütern	viele Alternativen	einzigartiges Produkt

Abb. 16: Erfolgsfaktoren und ihre Operationalisierung

Eine Quantifizierung der Merkmalsausprägungen ist durch die Vergabe von Punktwerten möglich; werden die Erfolgsfaktoren nicht alle als gleichbedeutend empfunden, kann dies durch die Vergabe unterschiedlich hoher Maximalpunktwerte berücksichtigt werden:

Beispiel:

Eine Untersuchung der Merkmalsausprägungen für die Ressourceneinheit A ergibt:

Kriterien:	maximaler Punktwert	Bewertung / Punktwert
Möglichkeit der Lieferantenförderung:	5	gut/ 3
Möglichkeit des Übergangs auf Eigenfertigung:	10	gegeben/ 8
Fehlmengenkosten bei Lieferausfall:	10	hoch/ 2
Anteil am Gesamtbedarf des Marktes	8	gering/ 2
Möglichkeit der Preisüberwälzung	15	gering / 2

Durch Addition der erreichten Punktwerte und Vergleich mit der maximalen Punktzahl ist eine Einschätzung der Ressourceneinheit bezüglich der Nachfragemacht möglich:

maximale Punktzahl: 48
erreichte Punktzahl: 17

Die Ressourceneinheit weist demnach eine geringe Nachfragemacht auf.

5. Die Entwicklung von Beschaffungsstrategien

5.1. Systematisierung potentieller Beschaffungsstrategien

Im letzten Schritt der strategischen Beschaffungsplanung geht es nun darum, der strategischen Situation der Ressourceneinheiten angepasste Maßnahmen zu entwickeln, die die Lücke zwischen angestrebtem und prognostiziertem Zielerreichnungsgrad schließen.

Wesentliches Merkmal der Beschaffungsstrategien ist ihr **antizipativer Charakter:** Der Planungshorizont der strategischen Planung ermöglicht das frühzeitige Erkennen von Chancen und Risiken und damit die frühzeitige Entwicklung von Maßnahmen, die das Eintreten der ungünstigen Beschaffungssituation verhindern oder ungünstige Folgen vermindern.

Beschaffungsstrategien können weiterhin gekennzeichnet werden als Maßnahmen, die die Möglichkeiten der beschaffungspolitischen Instrumente **kombiniert** einsetzen.

Beschaffungsstrategien sind in dreierlei Hinsicht **langfristig:**

- sie sind in dem bereits erläuterten antizipativen Sinne langfristig vorausschauend,
- strategische Entscheidungen sind nur langfristig revidierbar
- strategische Entscheidungen sind erst langfristig wirksam.

Nach dem primär verfolgten **strategischen Ziel** lassen sich die Beschaffungsstrategien in

- risikoorientierte,
- machtorientierte,
- kostenorientierte und
- qualitätsorientierte Strategien differenzieren.

Eine weitere Unterscheidung der Strategien kann erfolgen in Beeinflussungs- und Anpassungsstrategien:

Beeinflussungsstrategien entwickeln für Ressourceneinheiten, die sich in einer strategisch ungünstigen Situation befinden, Maßnahmen mit dem Ziel, diese in eine für die Unternehmung günstigere Beschaffungssituation zu überführen.

Anpassungsmaßnahmen nehmen eine ungünstige Beschaffungssituation als unveränderlich hin und versuchen, zumindest die negativen Wirkungen für die Unternehmung zu mildern; für Ressourceneinheiten, die sich in einer besonders guten Beschaffungssituation befinden, werden Strategien entwickelt mit dem Ziel, die sich ergebenden Chancen zu nutzen und zu sichern.

Nach dem Ansatzpunkt der Anpassungs- oder Beeinflussungsstrategie sind weiterhin markt- und betriebsgerichtete Strategien zu unterscheiden:

Während **betriebsgerichtete** Strategien interne Gegebenheiten verändern, sind **marktgerichtete** Strategien darauf ausgerichtet, Bedingungen des Beschaffungsmarktes zu beeinflussen.

5.2. Risikoorientierte Beschaffungsstrategien

Aus den Ergebnissen der Positionierung der strategischen Ressourceneinheiten können die kritischen Materialien und Beschaffungsmärkte identifiziert werden.

Risikoorientierte Strategien können als **Beeinflussungsstrategien** versuchen, die **Ursachen** für Beschaffungsrisiken zu bekämpfen, um damit die Wahrscheinlichkeit des Auftretens oder den Umfang der Störungen zu vermindern.

Als **Anpassungsstrategie** können gleichzeitig oder - wenn eine Beeinflussung des Risikos nicht möglich ist - als Ersatz für ursachenbezogene Maßnahmen Strategien entwickelt werden, die die **Sensibilität** des Unternehmens für Beschaffungsrisiken herabsetzen, also die negativen Folgen eingetretener Störungen mindern.

Voraussetzung für die Entwicklung ursachenbezogener Beeinflussungsstrategien ist eine detaillierte **Risikoanalyse** im Rahmen der Beschaffungsmarktforschung. So kann etwa eine Angebotsverknappung verschiedene Ursachen haben, die nur teilweise beeinflussbar sind:

- kriegerische Auseinandersetzungen im Erzeugerland oder in Gebieten, die beim Transport durchquert werden müssen
- Exporthemmnisse des Erzeugerlandes
- Streiks

- Mißernten
- im Vergleich zur Entwicklung des Angebots überproportionale Nachfragesteigerung.

In diesen Fällen kann die beschaffende Unternehmung in der Regel keinen Einfluß nehmen auf die Entstehung der Risiken. Risikopolitik muß sich in diesen Fällen darauf beschränken, die Anfälligkeit gegenüber entstehenden Preisrisiken und Versorgungsproblemen zu mindern.

Als **beeinflussbare Ursachen** einer Angebotsverknappung können jedoch unter Umständen gelten:

- künstliche Angebotsverknappung durch mächtige Anbieter
- begrenzte Verfügbarkeit.

Sind die **Wettbewerbsverhältnisse** des Beschaffungsmarktes die Ursache für die Gefahr einer Angebotsverknappung, kann durch geeignete machtorientierte Maßnahmen - wie etwa Kooperation mit anderen Nachfragern - versucht werden, ein ausgeglicheneres Machtverhältnis zwischen Anbietern und Nachfragern zu schaffen. Den Möglichkeiten einer machtorientierten Beschaffungspolitik wird im nächsten Abschnitt nachgegangen.

Das Problem **begrenzter Verfügbarkeit** ist weniger die Gefahr der physischen Erschöpfung der vorhandenen Rohstoffvorkommen als vielmehr ein technologisches und ökonomisches Problem: die Förderung der vorhandenen Rohstoffvorräte wird immer schwieriger und kostenintensiver.

Durch Kooperation mit Lieferanten oder anderen beschaffenden Unternehmen ist es leichter möglich, den hohen Kapitalaufwand zur Erschließung neuer Rohstoffvorkommen oder zur Entwicklung neuer Technologien aufzubringen.

Als **beeinflussbare Risiken** können die Risiken betrachtet werden, die vom Lieferanten verursacht werden. Hierzu zählen der Lieferantenkonkurs, Produktionstechnologie, Methoden der Qualitätskontrolle, Transportmittel. Im Rahmen der Lieferanten- und Kontraktpolitik sind folgende Maßnahmen denkbar:

- Information über die Bedeutung der Lieferzuverlässigkeit
- Finanzierungshilfen bei drohendem Konkurs und zur Verbesserung der Produktionstechnik,
- Beratung und vertragliche Vereinbarung von Methoden und Umfang der Qualitätskontrolle und Transportmittel.

Anpassungsstrategien nehmen im Gegensatz zu den Beeinflussungsstrategien die Bedingungen des Beschaffungsmarktes als gegeben hin und versuchen sich optimal an die erwartete Situation anzupassen.

Als **marktgerichtete Anpassungsstrategien** sind Maßnahmen zur Sicherung der bekannten Beschaffungsquellen und Maßnahmen zur Erschließung bisher nicht genutzter Beschaffungsquellen möglich:

Beschaffungsquellen können durch

- langfristige Kontrakte,
- Beteiligung am Kapital des Lieferanten und
- vertikale Integration

gesichert werden.

Neue Beschaffungsquellen können durch

- regionale Ausweitung der Beschaffungsbeziehungen,
- Suche nach bisher nicht genutzten Beschaffungsquellen, evtl. dezentraler Einkauf oder Beschaffungslager im Ausland, um Lieferanten anzusprechen, deren Vertriebsaktivitäten die beschaffende Unternehmung aufgrund räumlicher Entfernung nicht erreichen und/oder
- Aufbau und Unterstützung neuer Lieferanten

erschlossen werden.

Eine Risikoabwälzung ist durch kontraktpolitische Maßnahmen (Konventionalstrafe) oder durch den Abschluß einer Versicherung möglich.

Betriebsgerichtete Anpassungsstrategien zeichnen sich dadurch aus, daß innerbetriebliche Gegebenheiten verändert werden, um den Ursachen oder den Wirkungen der Preis-, Qualitäts- oder Verfügbarkeitsrisiken zu begegnen:

- Recycling von Rohstoffen kann der Gefahr begrenzter quantitativer Verfügbarkeit begegnen;
- Der Übergang auf Eigenfertigung ist insbesondere bei Qualitätsrisiken von Bedeutung.
- Standardisierung ist ein wesentliches Instrument, den Beschaffungsmarkt zu erweitern.
- Suche nach Substitutionsprodukten ist als Instrument der innerbetrieblichen Anpassung an alle Risiken zu bedenken.

Beim Vergleich der Risikostrategien tritt das Problem auf, daß die Wirkungen der alternativen Strategien auf die Erreichung der strategischen Ziele nur schwer bestimmbar und in der Regel nicht quantifizierbar sind. Zudem sind Zielkonflikte zu den Zielen Vermeidung der Abhängigkeit von Lieferanten und Kostensenkung möglich.

Aufgrund der Existenz von unkalkulierbaren Risiken ist eine vollständige Versorgungssicherung nicht möglich oder zumindest wirtschaftlich nicht vertretbar.

5.3. Machtorientierte Beschaffungsstrategien

Von den Verfechtern der Portfolio-Technik werden je nach Positionierung der Ressourceneinheiten Standardstrategien vorgeschlagen, die die strategische Grundrichtung für die Ressourceneinheiten angeben sollen.

Aus dem Macht-Portfolio werden folgende Standardstrategien abgeleitet:

- für Ressourceneinheiten, die der Kategorie I zugeordnet werden, also einer relativ hohen Lieferantenmacht gegenüberstehen, wird die sog. **Emanzipationsstrategie** empfohlen. Ein wesentlicher Bestandteil dieser Strategie ist eine Marktstrukturpolitik, eine aktive Gestaltung und Beeinflussung der strukturellen Gegebenheiten des Marktes seitens des Abnehmers. Eine derartige Politik kann sich sowohl auf die Angebotsseite wie auf die Nachfrageseite beziehen. Das Ziel der Emanzipationsstrategie besteht darin, die Abhängigkeit vom übermächtigen Lieferanten abzubauen und die eigene Position gegenüber dem Anbieter zu stärken.

- für Ressourceneinheiten, die der Kategorie III zugeordnet werden, also über eine relativ hohe Nachfragemacht verfügen, wird die sog. **Chancenrealisierungsstrategie** empfohlen; diese zielt darauf ab, den Wettbewerb zwischen den Lieferanten zu steigern, um die Anbieter zu Leistungssteigerungen zu bewegen und die sich ergebenden Chancen zu nutzen.

- für Ressourceneinheiten, die der Kategorie II zugeordnet werden, also einem ausgeglichenen Kräfteverhältnis gegenüberstehen, wird mit der sog. **selektiven Strategie** eine der jeweiligen Marktsituaion angepasste Mischung aus Chancenrealisierungsstrategie und Emanzipationsstrategie vorgeschlagen. Die Beschaffungspolitik für diese Ressourceneinheiten ist darauf gerichtet, das Gleichgewicht der Kräfte zu erhalten oder - falls möglich - die eigene Position zu verbessern.

Die Verfolgung der strategischen Grundrichtung Emanzipation bzw. Chancenrealisierung impliziert jeweils spezifische Strategien im Rahmen des Einsatzes der beschaffungspolitischen Instrumente:

Beschaffungs-politisches Instrument	Emanzipations-strategie	Chancenreali-sierungsstrategie
Beschaffungsprogramm:		
- Eigenfertigung	ausbauen bzw. beginnen	reduzieren bzw. nicht aufnehmen
- Wertanalyse	im eigenen Haus forcieren	Mitarbeit des Lieferanten
Substitution	intensiv suchen	nur verfolgen
Lieferanten- und Kontraktpolitik	Lieferanten-förderung und -entwicklung	Lieferanten-erziehung
	Suche nach neuen Lieferanten	
	Preise halten	Preise aktiv ausreizen
	langfristige Verträge	kurzfristige Verträge, Spotkauf
	Mengen konzentrieren	gezielt streuen
Lagerpolitik	durch hohe Bestände Abhängigkeit mildern	Lagerhaltung auf Lieferanten überwälzen

Abb. 17: Machtorientierte Beschaffungsstrategie

Die Maßnahmen im Rahmen der Emanzipations- und Chancenrealisierungsstrategie sind überwiegend als betriebsgerichtete Anpassungsstrategien einzustufen. Als Beeinflussungsstrategien können die Lieferantenförderung, -entwicklung und -erziehung angesehen werden.

Für Ressourceneinheiten, die der Kategorie II zugeordnet werden, also einem ausgeglichenen Machtverhältnis und einem Beschaffungsmarkt mit wenigen Anbietern (oligopolistischer Lieferantenmarkt) gegenüberstehen, wurde das sog. **Bestbieter-Konzept** entwickelt. Es hat das Ziel, den Wettbewerb zwischen den Lieferanten zu fördern und Preis- bzw. Leistungsabsprachen zu verhindern.

Das Konzept geht davon aus, daß das beschaffende Unternehmen bisher bereits nach dem Prinzip des Bedarfssplitting verfahren ist: vor Abschluß des nächsten Rahmenvertrags läßt sich die Unternehmung von allen Lieferanten ein Preisangebot machen mit dem Hinweis, daß der "Preisführer", der das günstigste Angebot abgibt, eine 10%ige Ausweitung des bisherigen Absatzes erreichen wird. Die Absatzausweitung des Preisführers wird bei den übrigen Lieferanten entsprechend der Reihenfolge der Preise abgezogen. Ein Beispiel soll die Vorgehensweise verdeutlichen:

Angenommen der Gesamtbedarf war bisher wie folgt auf die Lieferanten verteilt:

Lieferant 1:	250.000 Stück = 25%
Lieferant 2:	400.000 Stück = 40%
Lieferant 3:	150.000 Stück = 15%
Lieferant 4:	200.000 Stück = 20%

Die neuen Angebote der Lieferanten weisen die folgenden Preiserhöhungen auf:

Lieferant 1:	2,5%
Lieferant 2:	2,8%
Lieferant 3:	2,6%
Lieferant 4:	2,7%

Lieferant 1 erhält nun eine 10%ige Ausweitung seiner Absatzmenge. Der Gesamtbedarf des nächsten Jahres wird als unverändert angenommen mit 1 Mio Stück. Die um 25.000 Stück erhöhte Absatzmenge des Lieferanten 1 wird proportional zu den Preissteierungsraten bei den anderen Lieferanten abgezogen:

Lieferant 2 weist einen um 0,3 Prozentpunkte höhere Steigerung gegenüber Lieferant 1 auf, Lieferant 3 um 0,1 und Lieferant 4 um

0,2 Prozentpunkte. Die Absatzsteigerung des Lieferanten 1 wird daher so auf die übrigen Lieferanten verteilt:

Lieferant 2:	3 Teile = 3/6
Lieferant 3:	1 Teil = 1/6
Lieferant 4:	2 Teile = 2/6

Die Verringerung der Absatzmenge der übrigen Lieferanten beträgt:

Lieferant 2:	25.000 * 3/6 = 12.500
Lieferant 3:	25.000 * 1/6 = 4.167
Lieferant 4:	25.000 * 2/6 = 8.333

Die neue Verteilung der Beschaffungsmenge auf die Lieferanten ist:

Lieferant 1:	275.000 = 27,50%
Lieferant 2:	387.500 = 38,75%
Lieferant 3:	145.833 = 14,58%
Lieferant 4:	191.667 = 19,17%

Weiterführende Literatur:

Arnold, U.: Strategische Beschaffungspolitik, Frankfurt 1982

Bloech, J. und Rottenbacher, S. (Hrsg.): Materialwirtschaft: Kostenanalyse, Ergebnisdarstellung und Planungsansätze - Eine komplexe Aufgabenstellung, Stuttgart 1986

Brink, H.-J.: Rohstoffbezugspolitik, in: Lück, W.; Trommsdorf, V. (Hrsg.), Internationalisierung der Unternehmung, Berlin 1982

Fieten, R.; Westphal, K.B.; Wunderlich, D.: Die langfristige Versorgungssicherung der Unternehmung, in: Szyperski, N.; Roth, P.: Beschaffung und Unternehmensführung, Stuttgart 1982

Frotz, H.: Die aufbauorganisatorische Gestaltung der Materialwirtschaft, in: Der Betrieb, 35. Jg. (1882), Heft 49, S. 2525-2530

Koppelmann, U.: Strategien zur Vorbeugung beschaffungsbedingter Betriebsunterbrechungen, in: Zeitschrift für betriebswirtschaftliche Forschung und Praxis, 32. Jg. (1980), S. 436-444

Pekavayaz, B.: Strategische Planung in der Materialwirtschaft, Frankfurt 1985

Stahlmann, V.: Umweltorientierte Materialwirtschaft - Das Optimierungskonzept für Ressourcen, Recycling, Rendite, Wiesbaden 1988

Strobel, B.: Beschaffung, Organisation der, in: Handwörterbuch der Organisation, Hrsg. E. Grochla, 2. Aufl., Stuttgart 1980, Sp. 330-340

Wildemann, H.: Produktionssynchrone Beschaffung, München 1988

IV. Operative Beschaffungsplanung (Beschaffungsdisposition)

1. Aufgaben und Rahmenbedingungen der Beschaffungsdisposition

Wie bereits eingangs des Kapitels zur strategischen Beschaffungsplanung erläutert wurde, bilden die beschaffungspolitischen Entscheidungen **Daten** für die nachfolgende Planungsebene der Beschaffungsdisposition.

Der Handlungsspielraum der Beschaffungsdisposition ist demnach durch die strategischen Entscheidungen

- wieviel Güterarten und welche Güter zu beschaffen sind (Entscheidung über das Beschaffungsprogramm)
- welche Qualitäten einzusetzen sind (Wertanalyse)
- über die Anzahl und regionale Struktur potentieller Lieferanten
- über die Kriterien zur Lieferantenbeurteilung und ihrer Gewichtung
- über das Materialbereitstellungsprinzip

stark eingeschränkt.

Weiterhin werden der Beschaffungsdisposition Rahmenbedingungen von der Absatz- und Produktionsplanung gesetzt, indem diese darüber entscheiden, welche Produkte in welchen Mengen zu welchen Zeitpunkten produziert werden sollen.

Im Gegensatz zur Beschaffungspolitik haben die Entscheidungen der Beschaffungsdisposition nur kurzfristig Gültigkeit. Der Planungshorizont ist in der Regel nicht länger als 1 Jahr.

Die Aufgaben der Beschaffungsdisposition beschränken sich daher auf

- die Prognose des Materialbedarfs
- die Bestimmung von Bestellmengen
- die Bestimmung von Bestellzeitpunkten und - sofern noch Wahlmöglichkeiten bestehen -
- die Lieferantenwahl.

Der Vergleich der operativen Handlungsmöglichkeiten ist im Unterschied zur Beurteilung alternativer Beschaffungsstrategien häufig auf der Basis quantifizierter Handlungskonsequenzen durchführbar, da der Beschaffungsdisposition mit dem "materialwirtschaftlichen Optimum" ein operationales Ziel vorgegeben werden kann, dessen Erreichung an der Kennzahl Lieferbereitschaft und der

Höhe der relevanten Kosten gemessen bzw. - beim Vergleich von Handlungsalternativen - prognostiziert werden kann.

Art und Umfang der in der Beschaffungsdisposition auftretenden Entscheidungsprobleme sind von dem praktizierten Materialbereitstellungsprinzip abhängig:

Bei Einzelbeschaffung im Bedarfsfall ist ein Lagerbestand nicht üblich. Die Disposition wird erst dann ausgelöst, wenn ein Auftrag vorliegt und beschränkt sich auf das für den Auftrag benötigte Material.

Da die Bestellmenge in diesem Bereitstellungssystem auch kurzfristig der Bedarfsmenge entspricht und der Bedarf genau bekannt ist, weist die Beschaffungsdisposition keine Freiheitsgrade und Entscheidungsprobleme bezüglich der Bestellmengen- und -terminbestimmung auf.

Eine bedeutende Teilaufgabe der Beschaffungsdisposition bei Einzelbeschaffung ist die Lieferantenwahl. Da Einzelbeschaffung für sporadisch bzw. nur für individuelle Aufträge benötigte Materialien und Dienstleistungen sowie für Betriebsmittel durchgeführt wird, ist es in jedem Bedarfsfalle notwendig, geeignete Lieferanten zu suchen und vergleichend gegenüberzustellen.

Die Beschaffungsdisposition bei fertigungssynchroner Anlieferung weist bezüglich der Bestellmengenplanung und der Lieferantenwahl keine Freiheitsgrade auf. Die Bestellmenge entspricht dem aus dem Fertigungsprogramm abgeleiteten Materialbedarf. Die Lieferantenwahl ist wegen der langfristigen Gültigkeit der Entscheidung der strategischen Planungsebene zuzuordnen.

Die Bestellzeitpunkte sollten bei fertigungssynchroner Beschaffung einerseits so frühzeitig gewählt werden, daß der Lieferant seine Fertigung möglichst auf den gemeldeten Bedarf einstellen kann, andererseits jedoch sollte so spät bestellt werden, daß Umstellungen des eigenen Produktionsprogramms möglichst lange möglich sind.

Bei Vorratsbeschaffung werden die Bedarfsmengen zu den verschiedenen Bedarfszeitpunkten der Planungsperiode zu Bestellmengen zusammengefasst bzw. die gesamte Bedarfsmenge der Planungsperiode in Bestellmengen aufgeteilt. Die Entscheidungsmodelle der Bestellmengenbestimmung haben zum Ziel, die Bestellmenge zu bestimmen, bei der die insgesamt entstehenden Kosten der Bereitstellung minimal sind.

Entscheidungsprobleme bei der Bestellterminierung treten dann auf, wenn der Bedarf und/oder die Beschaffungszeit nicht genau bekannt sind: in diesem Fall hat die Disposition abzuwägen zwischen dem Ziel der Sicherung der Lieferbereitschaft und den Kosten der Lagerhaltung.

Inwieweit bei Vorratsbeschaffung operative Entscheidungen über den oder die Lieferanten möglich sind, ist davon abhängig, ob die Unternehmung langfristige Rahmenverträge mit Stammlieferanten abgeschlossen hat oder jeweils Spotkäufe durchführt.

Mit den Entscheidungen über Bestellmengen, Bestellzeitpunkte und Lieferanten sollen die Ausgleichs-, Sicherungs- und evtl. die Spekulationsfunktion des Lagers kostenoptimal gesteuert werden. Die Funktionen sind dabei in hohem Maße interdependent. Das wird deutlich, wenn man berücksichtigt, daß die Gefahr des Auftretens von Fehlmengen primär während der Wiederbeschaffungszeit besteht. Bei der Steuerung der Sicherungsfunktion des Lagers mittels Vorgabe des Lieferbereitschaftsgrades und Halten von Sicherheitsbeständen müsste die Bestellhäufigkeit - die Häufigkeit des Auftretens von Wiederbeschaffungszeiten in der Planungsperiode - berücksichtigt werden. Diese ist wiederum von der Bestellmengenentscheidung abhängig, die der Steuerung der Ausgleichs- bzw. der Spekulationsfunktion zuzuordnen ist. Aus dieser Abhängigkeit folgt, daß bei der Steuerung der Ausgleichs- und Spekulationsfunktion die Wirkung einer Bestellmenge nicht nur auf Bestell-, Lager- und Einstandskosten zu berücksichtigen ist, sondern darüber hinaus die Wirkung auf Fehlmengenkosten einzubeziehen ist. Entsprechend genügt bei der Steuerung der Sicherungsfunktion die Gegenüberstellung von Lager- und Fehlmengenkosten nicht; vielmehr müsste die Entscheidung unter Berücksichtigung auch der Einstands- und Bestellkosten erfolgen.

Die weiteren Ausführungen werden zeigen, daß die verfügbaren Modelle zur Abbildung der Entscheidungssituationen der operativen Beschaffungsplanung nicht in der Lage sind, diese Komplexität abzubilden. Die Entscheidungsfindung geht in Theorie und Praxis vielmehr sukzessive vor. Das bedeutet, daß bei der Steuerung der Ausgleichs- und Spekulationsfunktion des Lagers ausschließlich die Bestellmengenentscheidung mit ihren Wirkungen auf Lager-, Bestell- und evtl. Einstandskosten betrachtet werden, unter der Prämisse, daß die Sicherungsfunktion des Lagers optimal gesteuert ist. Der Ungewißheit über Bedarfsmengen und der Gefahr falscher, verspäteter oder minderwertiger Lieferungen wird bei der Bestellmengenentscheidung nicht Rechnung getragen, sondern anschließend bzw. unabhängig davon bei der Steuerung der Sicherungsfunktion behandelt.

2. Dispositionssysteme

Die Ausführungen zu den Entscheidungsproblemen der Beschaffungsdisposition bei den verschiedenen Bereitstellungsprinzipien deuteten bereits darauf hin, daß es grundsätzlich unterschiedliche Verfahren der Materialdisposition gibt:

Die **verbrauchsgesteuerte Disposition** stützt ihre Entscheidungen über Bestellmengen und -termine auf Vergangenheitswerte. In größeren Zeitabständen werden Mittelwerte und Schwankungsbreite des Bedarfs ermittelt und im Rahmen einer (stochastischen) Bedarfsprognose in die Zukunft extrapoliert. Mangels genauer Kenntnis des zukünftigen Bedarfs (Lagerabgangs) wird in der Bestellmengenplanung ein gleichmäßiger (stationärer) Lagerabgang unterstellt. Der Ungewißheit über den zukünftigen Bedarf ist bei der Vorratsergänzung dadurch Rechnung zu tragen, daß Sicherheitsbestände gehalten werden, um die gewünschte Lieferbereitschaft zu garantieren.

Die **programmgesteuerte Disposition** orientiert sich an dem geplanten Produktionsprogramm oder an bereits vorliegenden Kundenaufträgen und wird dann auch auftragsgesteuerte Disposition genannt: Die Bedarfsplanung leitet aus dem Produktionsprogramm mittels Stücklisten oder Verwendungsnachweisen exakte Bedarfsmengen und -termine ab (deterministische Bedarfsprognose). Im Anschluß können Modelle der Bestellmengenplanung eingesetzt werden, die eine genaue Kenntnis des Lagerabgangs im Planintervall voraussetzen. Da die Ungewißheit reduziert ist, kann der Sicherheitsbestand im Vergleich zur verbrauchsgesteuerten Disposition geringer sein.

Eine verbrauchsgesteuerte Disposition ist nur mit Vorratsbeschaffung vereinbar. Einzelbeschaffung und einsatzsynchrone Beschaffung sind dagegen nur mit programm- bzw. auftragsgesteuerter Disposition möglich.

	Dispositionssystem	
Materialbereitstellung	verbrauchsgesteuert	programmgesteuert
Vorratsbeschaffung	X	X
Einzelbeschaffung	-	X
einsatzsynchrone Beschaffung	-	X

Abb. 18: Dispositionssysteme und ihre Anwendung in den Bereitstellungssystemen

3. Beschaffungsdisposition bei Vorratsbeschaffung

3.1. Verbrauchsgesteuerte Disposition

3.1.1. Bedarfsprognose

3.1.1.1. Analyse von Zeitreihen

Die verbrauchsgesteuerte Bedarfsprognose basiert auf den Bedarfswerten der Vergangenheit und schließt mit Hilfe statistischer Methoden auf den zukünftigen Bedarf. Ihre Anwendung setzt daher voraus, daß Statistiken über den Bedarf in der Vergangenheit vorhanden sind.

Die verbrauchsgesteuerte Bedarfsprognose kennt verschiedene Verfahren, deren Prognosequalität von dem Charakter der Zeitreihe abhängig ist und die einen unterschiedlichen Aufwand verursachen.

Zu Beginn der verbrauchsgesteuerten Prognose muß daher zunächst eine Analyse der Zeitreihe erfolgen im Hinblick auf:

- die langfristige Entwicklung des Bedarfs (Trend)
- periodische Schwankungen um den Trend (Saison)
- zufällige Abweichungen von der durch Trend und Saison bestimmten Entwicklung (Zufallskomponente)
- nachhaltige Änderungen der langfristigen Bedarfsentwicklung (Strukturbrüche).

Trendformen:

Die langfristige Entwicklung des Bedarfs wird als Trend bezeichnet. Weist der Bedarf im Zeitablauf einen Verlauf auf, der um einen (annähernd) konstanten Mittelwert schwankt, handelt es sich um einen Bedarf mit **Trend nullter Ordnung**. Die Schwankungen um den Mittelwert gleichen sich langfristig aus und lassen keine Gesetzmäßigkeiten erkennen.

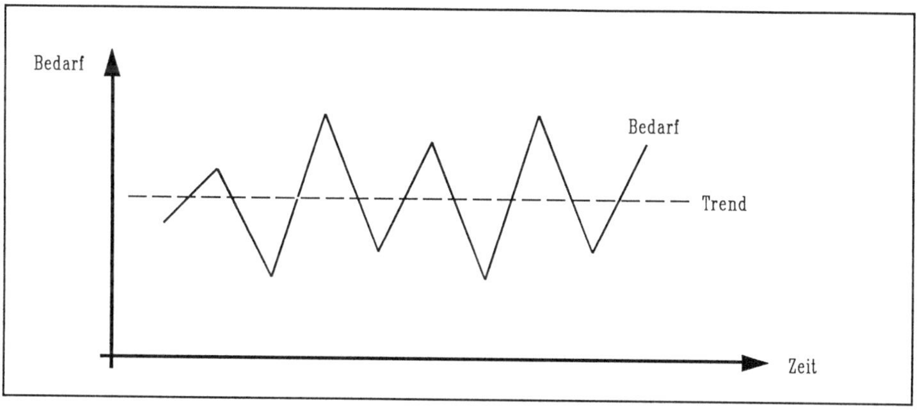

Abb. 19: Bedarfsverlauf mit Trend nullter Ordnung

Zeigt der Bedarf einen im Zeitablauf stetig steigenden oder fallenden Verlauf, handelt es sich um einen Trend erster oder höherer Ordnung. Kann die langfristige Entwicklung des Bedarfs durch eine Trendgerade angenähert werden, liegt ein **Trend erster Ordnung** vor.

Trends höherer Ordnung sind durch eine nicht-lineare, d. h. durch eine progressive oder degressive Entwicklung des Bedarfs gekennzeichnet.

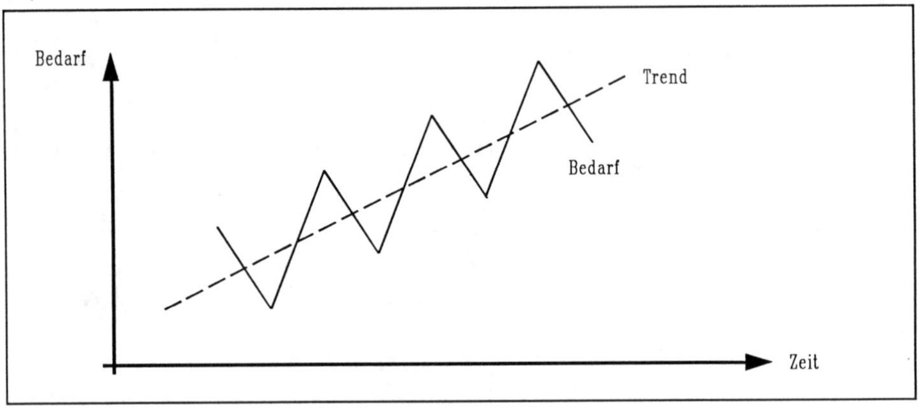

Abb. 20: Bedarfsverlauf mit linearem Trend

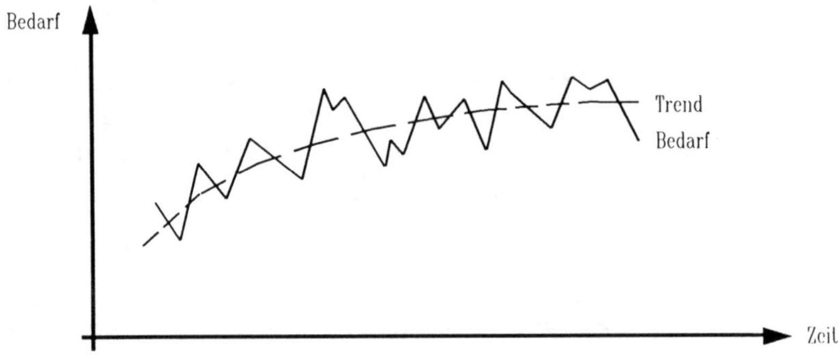

Abb. 21: Bedarfsverlauf mit nicht-linearem Trend

Ein **saisonaler** Bedarfsverlauf liegt vor,

- wenn die Zeitreihe zyklisch wiederkehrende Maxime und Minima aufweist, die um 20-50% von dem langfristigen Durchschnittswert abweichen und damit erheblich über den zufälligen Bedarfsschwankungen liegen,
- wenn für das Auftreten der zyklischen Schwankungen eindeutige auch in der Zukunft geltende Ursachen vorliegen.

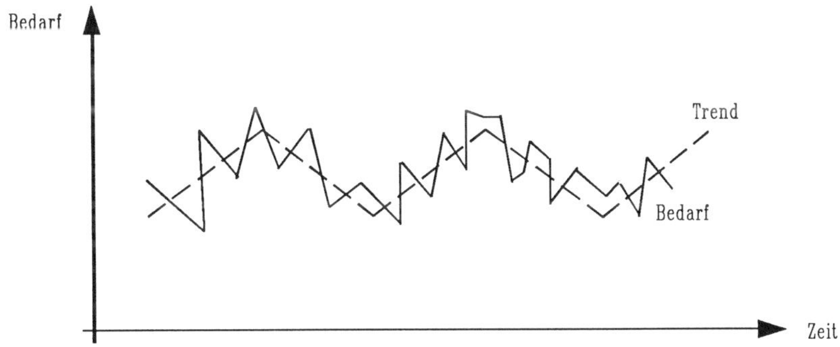

Abb. 22: Bedarfsverlauf mit saisonalen Schwankungen

Die **Zufallskomponente** verursacht wie die Saisonkomponente Abweichungen des Bedarfs vom Trend. Die Abweichungen treten jedoch nicht regelmäßig auf und die Ursachen ihres Auftretens sind nicht erkennbar oder werden nicht untersucht.

Die Analyse der Zeitreihe ergibt eine Einordnung in eine der folgenden Bedarfsstrukturen:

- regelmäßiger Bedarf ohne erkennbaren Trend ohne bzw. mit Saisonschwankungen
- regelmäßiger Bedarf mit erkennbarem Trend ohne bzw. mit Saisonschwankungen
- stark schwankender Bedarf
- sporadischer Bedarf

Von einem **stark schwankenden Bedarf** wird gesprochen, wenn Bedarfsspitzen um mehrere 100% über dem Jahresmittelwert liegen.

Von einem **sporadischen Bedarf** wird gesprochen, wenn das untersuchte Material in der Mehrzahl der Perioden keinen Bedarf aufweist und die jeweiligen Bedarfsmengen in unterschiedlicher Höhe auftreten. Der Bedarf an Dienstleistungen (z.B. Reparaturleistungen) hat häufig sporadischen Charakter.

3.1.1.2. Prognosequalität

Die Ausführungen über die Analyse von Zeitreihen hat bereits gezeigt, daß Prognosefehler, d.h. Abweichungen der Vorhersage von dem tatsächlich eingetretenen Bedarf verschiedene Ursachen haben können:

- Abweichungen können auf zufällige Abweichungen von einem richtig eingeschätzten langfristigen Bedarfsverlauf zurückzuführen sein
- Abweichungen können darin begründet sein, daß eine trendförmige oder saisonale Entwicklung des Bedarfs nicht erkannt wurde
- Abweichungen können auf einen Strukturbruch d.h. eine nachhaltige Veränderung der Bedarfsentwicklung zurückzuführen sein.

Von einer hohen Prognosequalität kann bei verbrauchsorientierter Prognose dann gesprochen werden, wenn

-(zufällige) Schwankungen des Bedarfs geglättet werden,

- sich zu hohe und zu niedrige Prognosen langfristig ausgleichen (in diesem Falle sind Abweichungen zwischen Vorhersage und tatsächlichem Bedarf auf zufällige Abweichungen von einer richtig eingeschätzten langfristigen Bedarfsentwicklung zurückzuführen) und
- Strukturbrüche schnell erkannt werden.

Die Qualität der Bedarfsprognose kann auf zwei Arten beeinflußt werden:

- durch die Wahl des Prognoseverfahrens
- durch die Wahl des Parameters.

Im folgenden werden einige Prognoseverfahren für regelmäßigen Bedarf vorgestellt. Dabei wird jeweils ihre Eignung im Hinblick auf Benutzerfreundlichkeit und Prognosequalität untersucht.

3.1.1.3. Prognoseverfahren

3.1.1.3.1. Gleitendes arithmetisches Mittel

Darstellung des Verfahrens:

Grundlage der Prognose ist eine gleichbleibende Anzahl von n Bedarfswerten der Vergangenheit. Als Vorhersage für die nächste Periode wird das arithmetische Mittel der letzten n Bedarfswerte errechnet:

$$V_{i+1} = M_i = \frac{B_i + B_{i-1} + B_{i-2} + B_{i-3} + \ldots + B_{i-n+1}}{n}$$

V_{i+1}: Bedarfsvorhersage für die nächste Periode
B_i: Bedarf der laufenden Periode
M_i: arithmetisches Mittel der laufenden Periode
n: Anzahl der Bedarfswerte

Die Anzahl n der Bedarfswerte wird konstant gehalten, indem jeweils der jüngste der Bedarfswerte in die Berechnung einbezogen wird und der älteste Wert eliminiert wird.

Beispiel:

Periode	Bedarfswerte	Mittelwerte und Vorhersage bei n=4
1	80	
2	84	
3	92	
4	76	$M_4 = V_5 = \frac{80+84+92+76}{4} = 83{,}00$
5	87	$M_5 = V_6 = \frac{84+92+76+87}{4} = 84{,}75$
6	90	$M_6 = V_7 = \frac{92+76+87+90}{4} = 86{,}25$

Bedeutung und Wahl des Parameters n:

Die mit diesem Verfahren erreichbare Prognosequalität ist zunächst abhängig davon, ob die Zeitreihe einen erkennbaren Trend aufweist oder ob ein stationärer Bedarfsverlauf vorliegt:

Da alle Bedarfswerte der Vergangenheit mit der gleichen Gewichtung in die Prognose eingehen, weist die Vorhersage bei einem trendförmigen Bedarfsverlauf "systematische Fehler" auf: die Vorhersage ist sehr häufig zu niedrig (bei steigendem Trend) oder sehr häufig zu hoch (bei fallendem Trend). Bei einem trendförmigen Verlauf sind die jüngeren Bedarfswerte von größerer Bedeutung als die älteren.

Bei einem stationären Bedarfsverlauf sind alle Bedarfswerte der Vergangenheit von der gleichen Bedeutung. In diesem Falle liefert die Prognose mit dem gleitenden arithmetischen Mittel bessere Ergebnisse als bei trendförmiger Bedarfsentwicklung.

Die mit diesem Verfahren erreichbare Prognosequalität ist zum zweiten davon abhängig, welcher Parameter n gewählt wird.

Je größer n, d.h. je mehr Bedarfswerte der Vergangenheit in die Prognose eingehen, umso besser werden zufällige Schwankungen der Bedarfswerte ausgeglichen, da Abweichungen vom langfristigen Durchschnitt mit einem umso geringeren Gewicht eingehen. Allerdings nimmt bei trendförmigem Bedarfsverlauf mit der Zunahme des Parameters n auch das "Hinterherhinken" der Prognose hinter der tatsächlichen Bedarfsentwicklung zu und die Reaktionsgeschwindigkeit auf Strukturbrüche ab. Dieser Nachteil eines großen n hat 2 Ursachen:

(1) Der errechnete Mittelwert hinkt hinter der laufenden Periode i um A Perioden hinterher. Das mittlere Alter der in die Mittelwertbildung eingehenden Bedarfswerte ist:

$$A = \frac{n-1}{2}$$

Beispiel:

Wird der Parameter n=5 gewählt, wird am Ende der Periode aus den letzten 5 Bedarfswerten der Durchschnitt errechnet und als Prognose für die nächste Periode verwendet. Das Alter der in die Mittelwertbildung eingehenden Bedarfswerte ist in der 3. Spalte angegeben:

Periode	Bedarfswerte	Alter der Bedarfswerte in Periode i
1	100	4
2	90	3
3	70	2
4	110	1
5	120	0
	Mittelwert: 98	mittleres Alter: $\frac{4+3+2+1+0}{5} = 2$ oder: $\frac{5-1}{2} = 2$

(2) Da der errechnete Mittelwert der bisher beobachteten Werte als Prognose für die nächste Periode benutzt wird und sich bis dahin der Trend fortgesetzt hat, hinkt die Prognose bei n = 5 um 3 Perioden hinter der tatsächlichen Bedarfsentwicklung hinterher.

Die unterschiedliche Prognosequalität bei stationärem und trendförmigem Bedarf und für zwei Parameter n zeigt das folgende Beispiel:

Beispiel:

Zeitreihe 1: stationärer Bedarf

Periode i	Bedarf	Prognose für i		absolute Abweichung	
		bei n=4	bei n=9	bei n=4	bei n=9
1	5				
2	7				
3	6				
4	8				
5	10	6,5		3,5	
6	3	7,75		4,75	
7	4	6,75		2,75	
8	8	6,25		2,25	
9	12	6,25		5,75	
10	2	6,75	7,00	4,75	5,00
11	5	6,5	6,67	1,5	1,67
12	8	6,75	6,44	1,25	2,44
13	9	6,75	6,67	2,25	2,33
14	15	6,00	6,78	9,00	8,22
15	7	9,25	7,33	2,25	0,33
16	8	9,75	7,78	1,75	0,22
17	5	9,75	8,22	4,75	3,22
18	6	8,75	7,89	2,75	1,89
19	3	6,50	7,22	3,5	4,22
20	4	5,50	7,33	1,5	3,33

Der durchschnittliche Prognosefehler MAD beträgt für das obige Beispiel bei n=4:3,39, bei n=9:2,91. Ungeachtet der geringen Zahl von Beobachtungsperioden wird dadurch die stärkere Glättung bei größerem n deutlich. (vgl. auch die Ausführungen zur Kontrolle der Prognosequalität in ABschnitt IV 3.1.1.4)

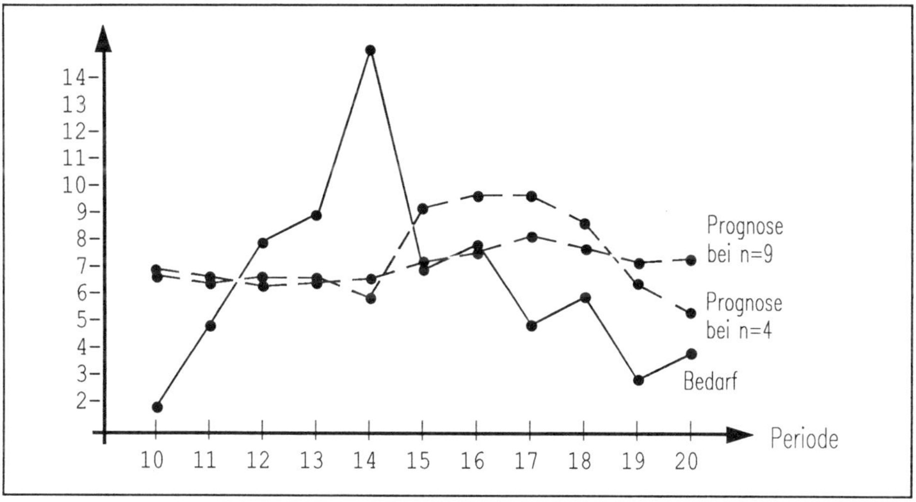

Abb. 23: Prognosequalität mit dem gleitenden arithmetischen Mittel bei stationärem Bedarf

Die Kennzahl MAD (medium absolute deviation) mißt die durchschnittliche Abweichung der Prognose vom Bedarf, indem die beobachteten absoluten Abweichungen über alle Beobachtungsperioden aufsummiert und durch die Anzahl der Beobachtungen x dividiert werden:

$$MAD = \sum_{i=1}^{x} (B_i - V_i)$$

Zeitreihe 2: trendförmiger Bedarf mit Zufallsschwankungen

Periode i	Bedarf in i	Prognose für i		Abweichung	
		bei n=4	bei n=9	bei n=4	bei n=9
1	5				
2	7				
3	8				
4	6				
5	9	6,5		+ 2,5	
6	8	7,5		+ 0,5	
7	5	7,75		- 2,75	
8	7	7,00		0,00	
9	10	7,25		+ 2,75	
10	9	7,50	7,22	+ 1,5	+ 1,78
11	12	7,75	7,67	+ 4,25	+ 4,33
12	15	9,50	8,22	+ 5,5	+ 6,78
13	10	11,50	9	- 1,5	+ 1
14	14	11,50	9,44	+ 2,5	+ 4,56
15	12	12,75	10	- 0,75	+ 2
16	15	12,75	10,44	+ 2,25	+ 4,56
17	9	12,75	11,55	- 3,75	- 2,55
18	16	12,50	11,78	+ 3,5	+ 4,22
19	20	13	12,44	+ 7	+ 7,56
20	18	15	13,67	+ 3	+ 4,33

Ein Vergleich von Bedarfswert und Vorhersage zeigt, daß der Bedarfswert bei beiden Parametern unterschätzt wird (Bi - Vi o). Die graphische Darstellung in Abb. 24 zeigt, daß die Prognose mit n=9 zwar eine im Vergleich zu n=4 stärkere Glättung aufweist, jedoch erheblich stärker hinter der aktuellen Bedarfsentwicklung hinterherhinkt als die Prognose mit n=4:

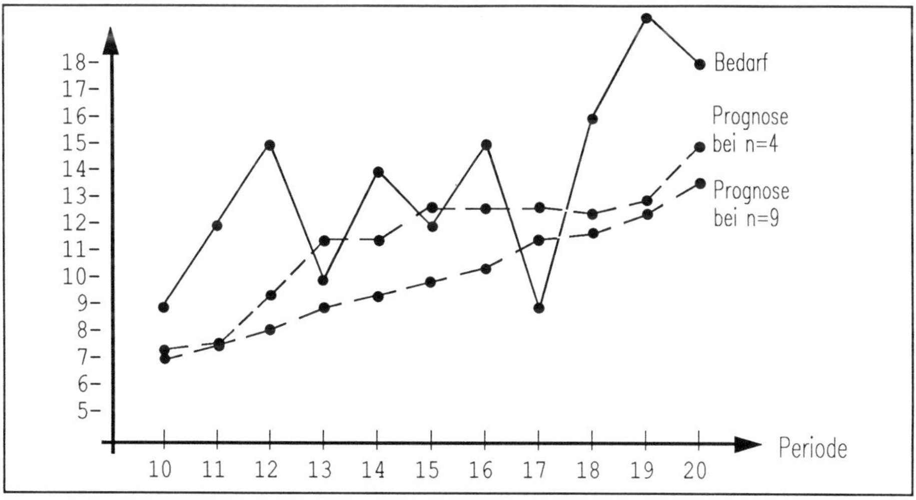

Abb. 24: Prognosequalität mit dem gleitenden arithmetischen Mittel bei trendförmigem Bedarf

Die Ausführungen haben gezeigt, daß das gleitende arithmetische Mittel bei Bedarfsverläufen ohne erkennbaren Trend um so bessere Ergebnisse liefert, je höher der Parameter n gewählt wird.

Bei trendförmigem Bedarfsverlauf wurde der Zielkonflikt zwischen Glättung von Zufallsschwankungen einerseits und hoher Reaktionsgeschwindigkeit auf Strukturbrüche und geringem durchschnittlichen Alter der Bedarfswerte andererseits deutlich.

3.1.1.3.2. Exponentielle Glättung erster Ordnung

Darstellung des Verfahrens

Während bei Anwendung des gleitenden arithmetischen Mittels immer n Bedarfswerte der Vergangenheit gespeichert werden müssen, basiert die exponentielle Glättung auf nur 2 Werten: dem tatsächlichen Bedarfswert der laufenden Periode und dem für die laufende Periode vorhergesagten Bedarfswert.

Die Vorhersage für die nächste Periode wird als gewichteter Durchschnitt des tatsächlichen und des vorhergesagten Bedarfswertes errechnet:

$$V_{i+1} = M_i = (1-\alpha)*M_{i-1} + \alpha*B_i$$

V_{i+1}: Bedarfsvorhersage für die nächste Periode
M_i: Mittelwert der laufenden Periode
M_{i-1}: Mittelwert der letzten Periode,
Bedarfsvorhersage für die laufende Periode
B_i: tatsächlicher Bedarf der laufenden Periode
α: Gewichtungs- (Glättungs-)faktor

Der Gewichtungsfaktor α kann zwischen 0 und 1 gewählt werden.

Beispiel:

Die Vorhersage für die laufende Periode ($V_i = M_{i-1}$) sei 120; der tasächliche Bedarfswert der laufenden Periode (B_i) sei 100.

Bei einem Glättungsfakor von

α = 0,0 ergibt sich $V_{i+1} = (1-0,0)*120 + 0,0*100 = 120$
α = 0,2 ergibt sich $V_{i+1} = (1-0,2)*120 + 0,2*100 = 116$
α = 0,4 ergibt sich $V_{i+1} = (1-0,4)*120 + 0,4*100 = 112$
α = 0,6 ergibt sich $V_{i+1} = (1-0,6)*120 + 0,6*100 = 108$
α = 0,8 ergibt sich $V_{i+1} = (1-0,8)*120 + 0,8*100 = 104$
α = 1,0 ergibt sich $V_{i+1} = (1-1,0)*120 + 1,0*100 = 100$

Durch Umstellen der Gleichung wird erkennbar, daß die exponentielle Glättung ein Prognoseverfahren ist, das aus Prognosefehlern "lernt": Der Vorhersagewert für die nächste Periode entspricht der Vorhersage für die letzte Periode, korrigiert um das α-fache des Prognosefehlers der laufenden Periode:

$$V_{i+1} = M_i = M_{i-1} + \alpha*(B_i - M_{i-1})$$

Bedeutung und Wahl des Glättungsparameters α:

Im Gegensatz zur arithmetischen Mittelwertbildung handelt es sich bei der exponentiellen Glättung um ein Verfahren der **gewichteten** Mittelwertbildung. Die Gewichtung der Bedarfswerte der Vergangenheit nimmt im Zeitablauf exponentiell ab. Während bei dem Verfahren des gleitenden arithmetischen Mittelwerts nur eine begrenzte (n) Anzahl von Bedarfswerten in die Berechnung eingeht, werden bei der exponentiellen Glättung alle bisher aufgetretenen Bedarfswerte berücksichtigt. Dies wird durch rekursives Einsetzen von M_i in die Gleichung deutlich:

$$V_{i+1} = M_i = (1-\alpha)*M_{i-1} + \alpha*B_i$$

für die zurückliegende Periode i-1 gilt:

$$V_i = M_{i-1} = (1-\alpha)*M_{i-2} + \alpha*B_{i-1}$$

setzt man M_{i-1} in die Gleichung V_{i+1} ein, ergibt sich

$$V_{i+1} = M_i = (1-\alpha)*[(1-\alpha)*M_{i-2} + \alpha*B_{i-1}] + \alpha*B_i$$

$$\text{oder: } V_{i+1} = M_i = \alpha*B_i + \alpha*(1-\alpha)*B_{i-1} + (1-\alpha)^2*M_{i-2}$$

für die zurückliegende Periode i-2 gilt:

$$V_{i-1} = M_{i-2} = (1-\alpha)*M_{i-3} + \alpha*B_{i-2}$$

setzt man M_{i-2} in die Gleichung V_{i+1} ein, ergibt sich

$$V_{i+1} = \alpha*B_i + \alpha*(1-\alpha)*B_{i-1} + \alpha*(1-\alpha)^2*B_{i-2} + (1-\alpha)^3*M_{i-3}$$

Der Bedarf der Periode i geht mit dem Gewicht α,
der Bedarf der Periode i-1 geht mit dem Gewicht $\alpha(1-\alpha)$,
der Bedarf der Periode i-2 geht mit dem Gewicht $\alpha(1-\alpha)^2$,
der Bedarf der Periode i-3 geht mit dem Gewicht $\alpha(1-\alpha)^3$,
... .
der Bedarf der Periode i-x geht mit dem Gewicht $\alpha(1-\alpha)^x$
ein.

Durch die Wahl des Glättungsparameters α wird somit entschieden, mit welcher Gewichtung die Bedarfswerte zurückliegender Perioden in die Prognose eingehen: je kleiner α, desto stärker wird die Prognose durch Bedarfswerte vergangener Perioden beeinflußt.

Die folgende Tabelle stellt das prozentuale Gewicht beobachteter Bedarfswerte der Vergangenheit bei der Prognose für die nächste Periode am Beispiel von $\alpha_1=0,1$ und $\alpha_2=0,3$ gegenüber:

	Gewicht in %	
Periode	$\alpha=0,1$	$\alpha=0,3$
i	10,00	30,00
i-1	9,00	21,00
i-2	8,10	14,70
i-3	7,29	10,29
i-4	6,56	7,20
i-5	5,90	5,00
i-6	5,30	3,53
i-7	4,78	2,47
i-8	4,30	1,73
i-8	3,87	1,21
i-9	3,49	0,85

Diese Gegenüberstellung zeigt, daß die Prognose bei einem $\alpha=0,3$ zu über 50% von den letzten beiden Bedarfswerten bestimmt wird. Wird ein $\alpha=0,1$ gewählt, haben die letzten beiden Bedarfswerte nur ein Gewicht von zusammen 19%.

Aus den Ausführungen zur Bedeutung des Glättungsparameters ergibt sich: je kleiner α,umso stärker werden Zufallschwankungen des Bedarfs geglättet, d.h. umso geringer ist der Einfluß von Bedarfsschwankungen auf die Vorhersage. Je geringer α, umso stärker ist der Einfluß weit zurückliegender Bedarfswerte und damit umso geringer die Reaktionsgeschwindigkeit auf Strukturbrüche und umso stärker das Hinterherhinken der Prognose bei trendförmigem Bedarfsverlauf.

Das mittlere Alter der in die Prognose eingehenden Bedarfswerte ist

$$A = \frac{1-\alpha}{\alpha}$$

, d.h.

bei α = 0,1 bestimmen die Bedarfswerte der letzten 9 Perioden überwiegend die Prognose
bei α = 0,2 bestimmen die Bedarfswerte der letzten 4 Perioden überwiegend die Prognose
bei α = 0,3 bestimmen die Bedarfswerte der letzten 2 Perioden überwiegend die Prognose, usw.

Bei der Wahl des Glättungsparameters α tritt demnach das gleiche Dilemma auf wie bei dem Parameter n des gleitenden arithmetischen Mittels:

Eine zunehmende Glättung von Zufallsabweichungen ist mit einer abnehmenden Reaktionsgeschwindigkeit auf Strukturbrüche und mit "systematischen Fehlern" bei trendförmiger Bedarfsentwicklung verbunden.

Diese bei trendförmigem Bedarfsverlauf auftretenden "systematischen Fehler" sind auf zwei Ursachen zurückzuführen:

(1) Der Mittelwert der Bedarfswerte hinkt bei trendförmigem Bedarf um das mittlere Alter A hinter der **laufenden** Periode hinterher.

(2) Der Mittelwert der bisher beobachteten Bedarfswerte wird als Prognose für die **nächste** Periode verwendet. Inzwischen hat sich der Trend bereits fortgesetzt, so daß selbst bei einem Glättungsparameter von α=1 die Prognose um eine Periode hinter der tatsächlichen Bedarfsentwicklung hinterherhinkt.

3.1.1.3.3. Exponentielle Glättung zweiter Ordnung

Darstellung des Verfahrens:

Die exponentielle Glättung zweiter Ordnung bietet die Möglichkeit, die beobachteten Bedarfswerte um Zufallsschwankungen zu bereinigen **und** einen trendförmigen Bedarf zu berücksichtigen.

Die exponentielle Glättung zweiter Ordnung geht von einem linearen Trend aus. Das Verfahren errechnet (in jeder Periode) zwei

Punkte der Trendgerade und unterstellt ein Fortsetzen des beobachteten Trendanstiegs bis zur Prognoseperiode.

Die Berechnung des Vorhersagewerts erfolgt in 5 Schritten:

1. Schritt:

Berechnung des Mittelwerts erster Ordnung:

Mittels der exponentiellen Glättung erster Ordnung wird der gewichtete Mittelwert der bisherigen Bedarfswerte errechnet.

Der errechnete Mittelwert der laufenden Periode wird überwiegend von Bedarfswerten beeinflußt, die um A Perioden in der Vergangenheit liegen.

$$A = \frac{1-\alpha}{\alpha}$$

Dieser Mittelwert erster Ordnung der laufenden Periode i [$M_i^{(1)}$] bildet den ersten Punkt der Trendgeraden.

2. Schritt:

Berechnung des Mittelwertes zweiter Ordnung

Ein Trend ist eine langfristige Änderung des Mittelwerts (erster Ordnung). Zur Berechnung der Trendgeraden wird daher ein Punkt benötigt, der weiter in der Vergangenheit liegt.

Die exponentielle Glättung zweiter Ordnung geht davon aus, daß ein Mittelwert erster Ordnung aus einer zurückliegenden Periode nicht als zweiter Punkt der Trendgeraden geeignet ist, da er noch zufallsbedingte Schwankungen der Bedarfswerte enthält.

Als zweiter Punkt der Trendgeraden wird daher ein "doppelt-geglätteter" Mittelwert zweiter Ordnung errechnet, indem ein gewichteter Durchschnitt der Mittelwerte erster Ordnung gebildet wird:

$$M_i^{(2)} = (1-\alpha)\, M_{i-1}^{(2)} + \alpha\, M_i^{(1)}$$

Die Formel zeigt, daß die exponentielle Glättung erster Ordnung anstelle auf die Bedarfswerte auf die Mittelwerte angewendet wird.

Der Mittelwert zweiter Ordnung wird überwiegend von Mittelwerten erster Ordnung beeinflußt, die um A Perioden zurückliegen. Der Mittelwert zweiter Ordnung hat demnach gegenüber der laufenden Periode i eine Zeitverzögerung von

$$2 * \frac{1-\alpha}{\alpha} \quad \text{Perioden.}$$

Fasst man die Mittelwerte als von Zufallsabweichungen bereinigte Bedarfswerte der um A bzw. 2A zurückliegenden Perioden auf, kann die Trendgerade eingezeichnet werden:

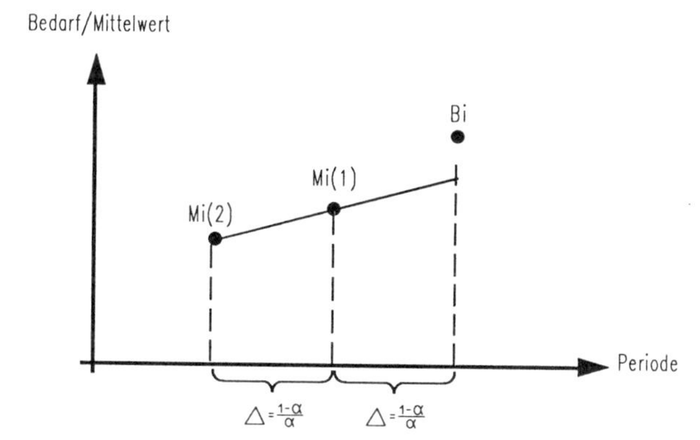

Abb. 25: Bestimmung der Trendgeraden in der exponentiellen Glättung 2. Ordnung

Die Prognose des Bedarfs kann graphisch als Bedarfswert der Periode i+1 auf der verlängerten Trendgeraden ermittelt werden. Mit dieser Vorgehensweise wird unterstellt, daß der Trendverlauf durch eine Gerade abgebildet werden kann und daß der in der Periode i beobachtete Trendanstieg sich in der Periode i+1 fortsetzt.

Die rechnerische Bestimmung des Prognosewertes erfolgt unter den gleichen Prämissen.

3. Schritt:

Berechnung des Trendanstiegs pro Zeiteinheit

Der Anstieg der Trendgeraden wird errechnet als Tangens des Trendwinkels:

$$\tan \mu = \frac{\text{Gegenkathete}}{\text{Ankathete}}$$

wobei die Gegenkathete der Differenz der Mittelwerte auf der Mengenachse, die Ankathete der Differenz des Zeitbezugs auf der Zeitachse entspricht:

$$\tan \mu = \frac{M_i^{(1)} - M_i^{(2)}}{\frac{1-\alpha}{\alpha}} = \alpha . \frac{1}{1-a} * [\ M_i^{(1)} - M_i^{(2)}\ ]$$

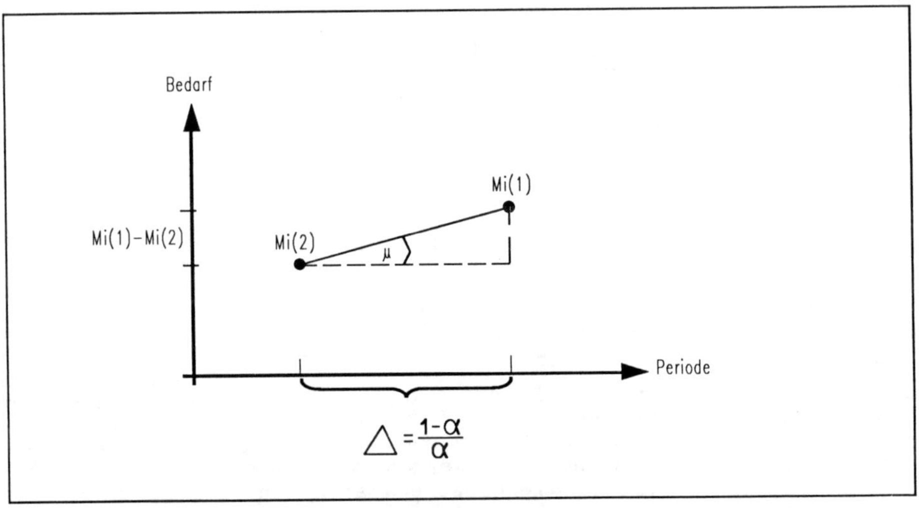

Abb. 26: Bestimmung des Trendanstiegs in der exponentiellen Glättung 2. Ordnung

4. Schritt:

Berechnung des korrigierten Mittelwerts

Der Mittelwert erster Ordnung der laufenden Periode i hat gegenüber der tatsächlichen trendbedingten Bedarfsentwicklung eine Zeitverzögerung von A Perioden. Der Mittelwert erster Ordnung hinkt daher um

$$\frac{1-\alpha}{\alpha} \cdot \frac{\alpha}{1-\alpha} \cdot [\, M_i^{(1)} - M_i^{(2)} \,]$$

(A) . (Trendanstieg)

Einheiten hinter der tatsächlichen Bedarfsentwicklung hinterher.

Diesem Aspekt wird durch Berechnung des korrigierten Mittelwerts KM_i Rechnung getragen:

$$KM_i = M_i^{(1)} + [\, M_i^{(1)} - M_i^{(2)} \,]$$

KM_i ist der um Zufallsabweichungen bereinigte Mittelwert der Bedarfswerte, der sich ergeben würde, wenn der Mittelwert nicht um $[(1-\alpha)/\alpha]$ Perioden hinter der aktuellen Bedarfsentwicklung hinterherhinken würde. KM_i ist insoweit ein aktualisierter, geglätteter Mittelwert der Bedarfswerte einschließlich des Bedarfs der aktuellen Periode i.

5. Schritt:

Berechnung des Vorhersagewertes:

Bis zur Periode i+1 hat sich der Bedarf wiederum um den Trendanstieg verändert. Der Trendanstieg bis zur Periode i+1:

$$\frac{\alpha}{1-\alpha} \left[M_i^{(1)} - M_i^{(2)} \right]$$

muß daher antizipiert werden.

Die Vorhersage für die Periode i+1 errechnet sich daher als:

$$V_{i+1} = M_i^{(1)} + \frac{1-\alpha}{\alpha} * \frac{\alpha}{1-\alpha} [M_i^{(1)} - M_i^{(2)}] + \frac{\alpha}{1-\alpha} [M_i^{(1)} - M_i^{(2)}]$$

oder:

$$V_{i+1} = 2 \cdot M_i^{(1)} - M_i^{(2)} + \frac{\alpha}{1-\alpha} \cdot [M_i^{(1)} - M_i^{(2)}]$$

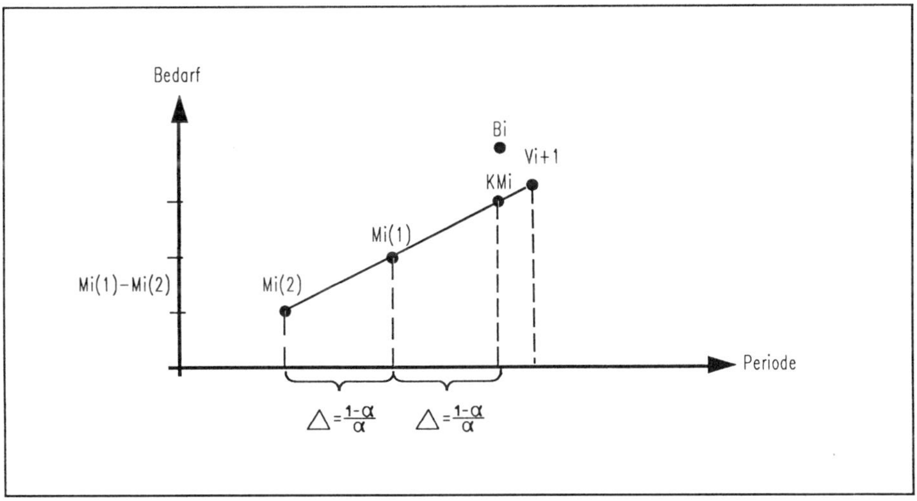

Abb. 27: Bestimmung des Vorhersagewertes in der exponentiellen Glättung 2. Ordnung

Die exponentielle Glättung zweiter Ordnung erweitert demnach die Berechnung des Vorhersagewertes in der Glättung erster Ordnung in zweifacher Hinsicht:

(1) Durch die Berechnung des korrigierten Mittelwerts der laufenden Periode ermittelt sie einen Mittelwert, der die Bedarfswerte um Zufallsabweichungen bereinigt und zugleich um den Trendanstieg erhöht bzw, vermindert ist, um das Hinterherhinken des Mittelwerts zu korrigieren.

(2) Die Vorhersage antizipiert den Trendanstieg bis zur Vorhersageperiode.

Beispiel:

$\alpha = 0,25$

Periode i	Bedarfs- werte	Mittelwerte $M_i^{(1)}$	$M_i^{(2)}$	Trend- anstieg	Prognose für i+1
0	80	80	80	0	80
1	100	85	81,25	1,25	90
2	120	93,75	84,375	3,12	106,25
3	140	105,31	89,61	5,23	126,24
4	160	118,98	96,95	7,34	148,35
5	180	134,23	106,27	9,32	171,51
6	200	150,67	117,37	11,10	195,07
7	220	168	130,03	12,66	218,63
8	240	186	144,02	13,33	241,31
9	260	204,5	159,14	15,12	264,98
10	280	223,4	175,2	16,67	288,27
11	300	242,6	192,05	16,85	310
12	320	261,95	209,52	17,48	331,86
13	340	281,46	227,505	17,98	353,4
14	360	301,095	245,90	18,40	374,69
15	380	320,85	264,64	18,74	395,8
16	400	340,64	283,64	19,00	416,64
17	420	360,48	302,85	19,18	437,29
18	440	380,36	322,23	19,38	457,87
19	460	400,27	341,74	19,51	478,31
20	480	420,2	361,355	19,61	498,66

Das Beispiel zeigt, daß die Prognose mit der exponentiellen Glättung zweiter Ordnung eine zunehmende Genauigkeit aufweist.

Demgegenüber hinken die Mittelwerte erster Ordnung, die in der exponentiellen Glättung erster Ordnung Prognosen für die nächste Periode darstellen, um 4 Perioden hinter dem tatsächlichen Bedarfsverlauf hinterher.

3.1.1.4. Kontrolle der Prognose

Bei der auf Bedarfswerten der Vergangenheit basierenden verbrauchsorientierten Bedarfsprognose ist die Vorhersage sehr viel häufiger falsch als bei programmorientierter Prognose.

Eine Kontrolle der verbrauchsgesteuerten Prognose kann daher nicht zum Ziel haben, Abweichungen zwischen prognostiziertem und tatsächlichem Bedarf zu verhindern. Die regelmäßige Kontrolle der Vorhersage hat vielmehr die Aufgabe, auf notwendige Parameter- oder Verfahrensänderungen hinzuweisen.

Die Qualität der verbrauchsorientierten Prognose ist zu beurteilen anhand

1. der Glättung von Zufallsschwankungen

2. der Anpassungsgeschwindigkeit an Strukturbrüche

3. der Antizipation von trendförmigen Entwicklungen des Bedarfs.

Zur Kontrolle der Prognosequalität ist es erforderlich, <u>**Zufallsabweichungen**</u>, die dem Charakter nach unvorhersehbar und unvermeidbar sind, zu unterscheiden von **"systematischen Fehlern"**, die eine **überwiegend** zu niedrige oder zu hohe Vorhersage verursachen. Systematische Fehler treten auf, wenn ein Trend nicht in der Vorhersage antizipert wird, und wenn sich die Vorhersage noch nicht an einen Strukturbruch angepaßt hat.

Eine Kennzahl, die auf systematische Fehler hinweist, ist der "kumulierte Vorhersagefehler:

$$\text{kumulierter Vorhersagefehler} = \Sigma\ (B_i - V_i)$$

Sind Vorhersagefehler ausschließlich auf Zufallsabweichungen zurückzuführen, wird die Summe der Vorhersagefehler über einen längeren Betrachtungszeitraum nicht wesentlich von Null abweichen.

Wäre dagegen die Vorhersage infolge eines Strukturbruchs oder eines falschen Vorhersageverfahrens oder eines schlecht gewählten Parameters tendenziell zu niedrig, wächst die Summe der Vorhersagefehler ständig an und umgekehrt.

Soll das Kontrollsignal für mehrere Zeitreihen angewendet werden, die sich bezüglich der Schwankungsbreite des Bedarfs und der durchschnittlichen Höhe des Bedarfs unterscheiden, ist es zweckmäßig ein "relativiertes" Kontrollsignal zu verwenden, indem die Summe der Vorhersagefehler auf die mittlere absolute Abweichung bezogen wird.

Die Entwicklung des kumulierten Voerhersagefehlers wird in dem folgenden Beispiel deutlich:

Beispiel:

Die Prognose wurde als gleitendes arithmetisches Mittel mit n=4 errechnet.

Periode i	Bedarf B_i	Prognose V_i	Fehler $B_i - V_i$	komulierter Prognosefehler $(B_i - V_i)$
1	5			
2	7			
3	8			
4	6			
5	9	6,5	2,50	2,50
6	8	7,5	-0,5	2,00
7	5	7,75	-2,75	-0,75
8	7	7	0	-0,75
9	10	7,25	2,75	2,00
10	9	7,5	1,5	3,50
11	12	7,75	4,25	7,75
12	15	9,5	5,5	13,25
13	10	11,5	1,5	14,75
14	14	11,5	3,5	18,25
15	12	12,75	-0,75	17,50
16	15	12,75	2,25	19,25
17	9	12,75	-3,75	15,50
18	16	12,5	3,5	19,00
19	20	13	7	26,00
20	18	15	3	29,00

Dieses Beispiel zeigt, daß der kumulierter Vorhersagefehler umso mehr anwächst, je länger man das falsche Vorhersagemodell beibehält.

Es stellt sich nun die Frage, bei welcher Höhe des Kontrollsignals eine Prüfung des Vorhersageverfahrens und des Parameters vorgenommen werden sollte.

Wird das Kontrollsignal sehr niedrig angesetzt, wird man frühzeitig auf signifikante Abweichungen hingewiesen. Allerdings wird es sich in vielen Fällen herausstellen, daß die Abweichung zufällig war. Wählt man umgekehrt die Grenze für das Kontrollsignal hoch, nimmt die Häufigkeit "blinden Alarms ab" , jedoch wird man erst relativ spät auf signifikante Abweichungen aufmerksam.

Mit der Kennzahl MAD kann auf die durch die Vorhersage bewirkte Glättung geschlossen werden. Die MAD (medium absolute deviation) mißt die durchschnittliche absolute Abweichung der Vorhersage vom Bedarf:

$$MAD = \sum_{i=1}^{x} (B_i - V_i)$$

Je geringer die über längere Zeiträume gemessene MAD ist, umso stärker ist die Glättung.

3.1.2. Bestellsysteme

3.1.2.1. Bestellrhythmussystem

Bestellsysteme sind Methoden der verbrauchsorientierten Vorratsergänzung. Während bei programmorientierter Vorratsergänzung optimale Bestellmengen und -zeitpunkte aufbauend auf präzisen Angaben über Bedarfsmengen und Bedarfszeitpunkten bei jedem Bestellvorgang neu ermittelt werden, werden bei verbrauchsorientierter Vorratsergänzung Richtlinien zur Festlegung der Bestellmenge und des Bestellzeitpunkts erlassen, die über längere Zeiträume beibehalten werden.

Das Bestellrhythmussystem zeichnet sich dadurch aus, daß Bestellungen in gleichbleibenden Zeitabständen t ausgelöst werden.

Die Bestellmenge wird entweder jeweils gleichbleibend gewählt (t,Q-System) oder es wird ein Höchstbestand festgelegt (t,S-System), den das Lager bei Eintreffen der neuen Lieferung erreichen soll.

Eine Kontrolle der Lagerabgänge zwischen den Bestellzeitpunkten wird im Bestellrhythmussytem nicht vorgenommen.

Eine Kontrolle des Lagerbestands zum Bestellzeitpunkt erfolgt nur im Bestellrhythmussytem mit Höchstbestand, bei dem die Bestellmenge als Differenz zwischen Lagerbestand zum Zeitpunkt der Überprüfung und gewünschtem Höchstbestand bestimmt wird.

ergänzung Richtlinien zur Festlegung der Bestellmenge und des Bestellzeitpunkts erlassen, die über längere Zeiträume beibehalten werden.

Das Bestellrhythmussystem zeichnet sich dadurch aus, daß Bestellungen in gleichbleibenden Zeitabständen t ausgelöst werden.

Die Bestellmenge wird entweder jeweils gleichbleibend gewählt (t,Q-System) oder es wird ein Höchstbestand festgelegt (t,S-System), den das Lager bei Eintreffen der neuen Lieferung erreichen soll.

Eine Kontrolle der Lagerabgänge zwischen den Bestellzeitpunkten wird im Bestellrhythmussytem nicht vorgenommen.

Eine Kontrolle des Lagerbestands zum Bestellzeitpunkt erfolgt nur im Bestellrhythmussytem mit Höchstbestand, bei dem die Bestellmenge als Differenz zwischen Lagerbestand zum Zeitpunkt der Überprüfung und gewünschtem Höchstbestand bestimmt wird.

Die Funktionsweise eines Bestellrhythmussystems soll durch ein Beispiel demonstriert werden, das die Lagerbestandsentwicklung in einem (tQ)-System zeigt:

Woche	1	2	3	4	5	6	7	8	9	10	11	12
Bedarf	50	30	20	40	100	60	100	50	20	40	80	60

Bestellintervall t: 3 Wochen
Bestellmenge Q: 150
Lieferzeit: 1 Woche

Bei der Darstellung der Lagerbestandsentwicklung wird unterstellt,

- daß Bestellung und Lieferung jeweils zum Ende der Woche erfolgen
- daß der Lagerabgang während der Woche kontinuierlich erfolgt
- daß Fehlmengen nicht reserviert oder nachgeliefert werden.

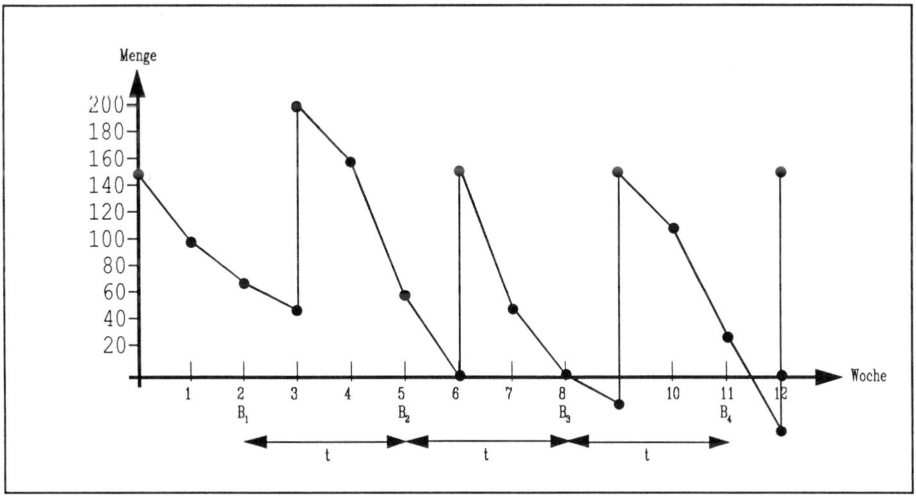

Abb. 28: Vorratsergänzung im Bestellrhythmussystem

Das Schaubild zeigt, daß die Abstände zwischen zwei Bestellungen und - infolge der als kostant angenommenen Lieferzeit - die Abstände zwischen zwei Lieferungen immer gleich sind.

Der in der zweiten Hälfte des dargestellten Zeitraums erhöhte Materialbedarf führt in zwei Bestellzyklen zu Fehlmengen.

3.1.2.2. Bestellpunktsystem

Im Bestellpunktsytem wird eine Bestellung immer dann ausgelöst, wenn der Lagerbestand eine zuvor festgelegte Höhe, die als Meldebestand oder Bestellpunkt bezeichnet wird, erreicht oder unterschritten hat.

Bei ungleichmäßigem Lagerabgang sind die Zeiträume zwischen zwei Bestellungen im Gegensatz zum Bestellrhythmussystem unterschiedlich lang.

Das Bestellpunktsystem erfordert eine kontinuierliche Lagerabgangskontrolle (eine Kontrolle des Lagerbestands in unregelmäßigen Zeitabständen nach jedem Lagerabgang), um ständig über den Lagerbestand informiert zu sein.

Wie beim Bestellrhythmussystem kann auch beim Bestellpunktsystem eine weitere Unterscheidung bezüglich der Bestimmung der Bestellmenge vorgenommen werden.

Im Bestellpunktsystem mit fester Bestellmenge (s,Q-System) wird jeweils bei Erreichen oder Unterschreiten des Meldebestands eine für längere Zeit festgelegte Menge bestellt.

Im Bestellpunktsystem mit Höchstbestand (s,S-System) wird jeweils bei Erreichen oder Unterschreiten des Meldebestands die Menge bestellt, die erforderlich ist, um den festgelgten Höchstbestand bei Lieferung zu erreichen.

Das Bestellpunktsystem hat im Vergleich zum Bestellrhythmussystem den Vorteil, daß sich die Zeiträume zwischen den Bestellungen einer Veränderung des Lagerabgangs anpassen:

- Ein Rückgang des Materialbedarfs hat zur Folge, daß der Zeitraum bis zum Erreichen des Meldebestands länger wird; die durchschnittliche Höhe des Lagerbestands wird durch eine Veränderung des Lagerabgangs nicht beeinflußt. Im Gegensatz dazu wird beim Bestellrhythmusverfahren mit fester Bestellmenge ein Rückgang des Lagerabgangs ein Ansteigen des Lagerbestands zur Folge haben, da die Bestellungen unabhängig von der Lagerbestandsentwicklung ausgelöst werden. Bei einem Bestellrhythmussytem mit Höchstbestand werden die Bestellmengen mit einem Rückgang des Lagerabgangs kleiner.
- Bei einem Ansteigen des Lagerabgangs "reagiert" das Bestellpunktverfahren durch eine Verkürzung der Zeiträume zwischen den Bestellungen, da der Meldebestand schneller erreicht wird.
- Die "Selbstregulierung" ist im Bestellrhythmussystem nicht vorhanden. Ein Ansteigen des Lagerabgangs erhöht die Gefahr von Fehlmengen, der bei der Bestimmung des Bestellrhythmus oder des Höchstbestands Rechnung zu tragen ist.

Gegenüber dem Bestellrhythmussystem hat das Bestellpunktverfahren den Nachteil, daß die kontinuierliche Lagerabgangskontrolle erhebliche Kosten der Bestandsverwaltung verursacht.

Bei den zur Demonstration der Lagerbestandsentwicklung im Bestellrhythmussystem verwendeten Bedarfsmengen ergibt sich der unten dargestellte Verlauf des Lagerbestands:

Woche	1	2	3	4	5	6	7	8	9	10	11	12
Bedarf	50	30	20	40	100	60	100	50	20	40	80	60

Meldbestand s: 80
Bestellmenge Q: 150
Lieferzeit: 1 Woche

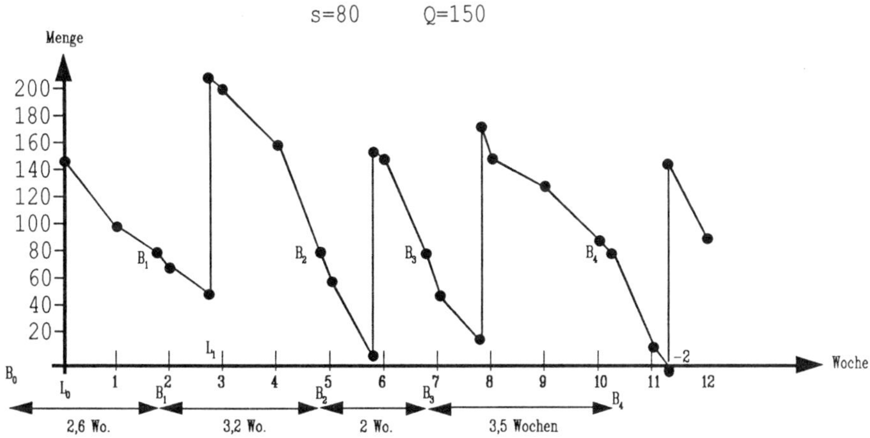

Abb. 29: Vorratsergänzung im Bestellpunktsystem

Das Schaubild zeigt, daß die Zeitspanne zwischen zwei Bestellungen und Lieferungen variiert und das nach Eingang der Bestellmenge erreichte Niveau des Lagerbestands unterschiedlich hoch ist. In dem dargestellten Zeitraum kommt es nur einmal zu einer Fehlmenge.

3.1.2.3. Optionalsystem

Das Optionalverfahren verbindet die Charakteristika und Vorteile des Bestellpunkts- und des Bestellrhythmussystems:

Wie beim Bestellrhythmussystem erfolgt eine periodische Lagerüberprüfung.

Wie beim Bestellpunktverfahren wird nicht bei jeder Lagerüberprüfung bestellt, sondern nur dann, wenn der Lagerbestand den festgelegten Meldebestand erreicht oder unterschritten hat.

Das Optionalsystem kann wiederum in zwei Versionen auftreten, mit fester Bestellmenge oder mit Höchstbestand.

In der nachfolgenden Übersicht sind nochmals die Charakteristika der vorgestellten Bestellsysteme gegenübergestellt:

	Lagerkontrolle	Zeiträume zw. Bestellungen	Bestellmenge
t,Q-System t,S-System	keine periodisch	fest fest	fix variabel
s,Q-System s,S-System	kontinuierlich kontinuierlich	unterschiedlich unterschiedlich	fix variabel
t,s,Q-System t,s,S-System	periodisch periodisch	unterschiedlich unterschiedlich	fix variabel

Eine vergleichende Beurteilung der Vorteilhaftigkeit der Bestellsysteme muß die Kosten der Bestandsführung und die Lagerkosten in Abhängigkeit von dem erwarteten Lagerbestand gegenüberstellen. Die Lagerkosten der Bestellsysteme unterscheiden sich infolge des unterschiedlichen, zur Sicherung einer gewünschten Lieferbereitschaft notwendigen Sicherheitsbestands. Dieser ist in Zusammenhang mit den Parametern t,s,Q und S der Bestellsysteme zu bestimmen.

Die Bestimmung der Parameter der Bestellsysteme wird in den Kapiteln zur Bestellmengen- und -zeitpunktplanung erläutert.

3.1.3. Sicherheitsbestandsplanung

3.1.3.1. Aufgaben und Bestimmungsfaktoren des Sicherheitsbestands

Der Zeitraum, für den ein Lagerbestand den Bedarf der Fertigung abdecken soll, wird als "Eindeckungszeitraum" bezeichnet. Der zu einem bestimmten Zeitpunkt verfügbare Lagerbestand kann gedanklich in einen Teil, der den erwarteten Bedarf im Eindeckungszeitraum abdecken soll, und einen zweiten Teil - den Sicherheitsbestand - aufgespalten werden, der unerwartet hohen Bedarf im Eindeckungszeitraum befriedigen soll.

Daß der tatsächliche Bedarf im Eindeckungszeitraum höher ist als erwartet, ist auf eine oder mehrere der folgenden Ursachen zurückzuführen:

- im Vergleich zum erwarteten Lagerabgang erhöhter Bedarf pro Zeiteinheit und/oder
- ein längerer Eindeckungszeitraum als erwartet und/oder
- Falschlieferung bzw. Lieferung unbrauchbarer Ware.

Die Aufgabe des Sicherheitsbestands besteht darin, die Gefahr der Entstehung von Fehlmengen und -kosten zu vermindern.

Das Risiko einer Fehlmenge kann, da nicht alle die Lieferbereitschaft beeinflussenden betrieblichen und Markt-Risiken vorhersehbar sind, auch durch einen extrem hohen Sicherheitsbestand nicht vollständig ausgeschlossen werden. Wie die weiteren Ausführungen zeigen werden, ist eine Soll-Lieferbereitschaft von nahe 100% aus Kostengründen auch nicht erstrebenswert. Daher besteht die Aufgabe darin, Fehlmengen mit einer Wahrscheinlichkeit in Höhe des festgelegten Lieferbereitschaftsgrades zu verhindern.

Die Höhe des Sicherheitsbestands beeinflußt als Bestandteil des Lagerhöchstbestands im Bestellrhythmussystem die jeweilige Bestellmenge bzw. als Komponente des Meldebestands im Bestellpunkt- und Optionalverfahren den Bestellzeitpunkt.

Zur Bestimmung des Sicherheitsbestands ist es zunächst erforderlich, das Fehlmengenrisiko zu bestimmen und den gewünschten Lieferbreitschaftsgrad festzulegen.

Wie oben bereits deutlich wurde, wird das Fehlmengenrisiko bestimmt von:

- der erwarteten Länge des Eindeckungszeitraums
- der Ungewißheit über die Länge des Eindeckungszeitraums
- der Höhe des erwarteten Bedarfs
- der Ungewißheit über die Höhe des Bedarfs pro Zeiteinheit

Die Länge des Eindeckungszeitraums, für den der Sicherheitsbestand unerwartet hohen Bedarf befriedigen soll, wird bestimmt

(1) von marktlichen Gegebenheiten:

Lieferfähigkeit des Lieferanten, Transportweg, Transportmittel und Störanfälligkeit des Transportweges bestimmen die Länge und Ungewißheit der Lieferzeit des Lieferanten.

(2) von betrieblichen Gegebenheiten:

Interne Bestellbearbeitung, Auftragsübermittlung und Wareneingangskontrolle verursachen eine "interne" Beschaffungszeit, die als Komponente des Eindeckungszeitraums zu berücksichtigen ist.

Ein entscheidender Bestimmungsfaktor der Eindeckungszeit ist darüber hinaus das Bestellsystem:

Im Bestellpunktsystem umfasst der Eindeckungszeitraum des Sicherheits- und Meldebestands die interne Beschaffungszeit und die Lieferzeit des Lieferanten. Da der Lagerbestand kontinuierlich kontrolliert wird, wird ein Erreichen oder Unterschreiten des Meldebestands sofort bei der entsprechenden Lagerentnahme bemerkt. Unerwartet hoher Bedarf während des Bestellintervalls (Zeitraum zwischen zwei Bestellungen, Eindeckungszeitraum einer Bestellmenge) wird dagegen durch Verkürzung des Bestellintervalls aufgefangen.

Eindeckungszeitraum des Sicherheitsbestands im Bestellpunktsystem:
Interne Beschaffungszeit + Lieferzeit

Im Optionalsystem wird - bedingt durch die periodische Bestandskontrolle - ein Unterschreiten des Meldebestands nicht unmittelbar erkannt, wenn die Lagerentnahme nicht mit einem Kontrollzeitpunkt zusammenfällt. Unter der Annahme, daß der Lagerbestand durchschnittlich in der Mitte des Kontrollrhythmus den Bestellpunkt erreicht, umfasst der Eindeckungszeitraum im Optionalsystem:

Eindeckungszeitraum des Sicherheitsbestands im Optionalsystem:
interne Beschaffungszeit + Lieferzeit + 0,5 Kontrollintervall

Im Bestellrhythmussystem mit Höchstbestand (im anderen Falle wird kein Sicherheitsbestand gehalten) ist der Sicherheitsbestand Bestandteil des Höchstbestands, der bei Eintreffen der Lieferung erreicht werden soll. Dieser Lagerbestand bei Eintreffen der Lieferung x muß den Bedarf bis zum Eintreffen der Lieferung x+1 mit der gewünschten Wahrscheinlichkeit befriedigen. Da Schwankungen des Bedarfs nicht durch eine Anpassung des Bestellrhythmus ausgeglichen werden können, hat der Sicherheitsbestand in diesem Falle die Aufgabe, unerwartet hohen Bedarf im Bestellintervall, in der internen Beschaffungszeit und in der Lieferzeit zu befriedigen.

Eindeckungszeitraum des Sicherheitsbestands im Bestellrhythmussystem:				
Bestellintervall	+	interne Beschaffungszeit	+	Lieferzeit

3.1.3.2. Bestimmung des Sicherheitsbestands auf der Basis von Sicherheitszeiten

Die einfachste Methode zur Bestimmung eines Sicherheitsbestands besteht darin, eine sog. Sicherheitszeit festzulegen und als Sicherheitsbestand den erwarteten Bedarf in der Sicherheitszeit zu halten:

$$SB = \bar{B}(EZ) * SZ$$

$\bar{B}(EZ)$ = Mittelwert des Bedarfs im Eindeckungszeitraum
SB = Sicherheitsbestand
SZ = Sicherheitszeit

Die Festlegung des Sicherheitsbestands nach dieser Methode ist geeignet, Ungewißheiten über die Länge der Wiederbeschaffungsfrist zu berücksichtigen, wenn die übrigen Bestimmungsfaktoren der Gefahr des Auftretens von Fehlmengen als sicher angenommen werden können.

Die Festlegung des Sicherheitsbestands in Abhängigkeit von einer Sicherheitszeit hat zudem den Vorteil, daß der Sicherheitsbestand sich Änderungen des Bedarfs im Zeitablauf automatisch anpasst, "gleitet".

Die Methode ist jedoch nicht geeignet, Ungewißheiten des Lagerabgangs, die bei verbrauchsorientierter Bedarfsprognose erheblich sind, zu berücksichtigen: Ein Zusammenhang zwischen der Festlegung einer Sicherheitszeit und dem erreichbaren Lieferbereitschaftsgrad ist in diesem Falle nicht erkennbar.

Das gleiche gilt für Sicherheitsbestände zur Berücksichtigung der Gefahr von Falsch- oder minderwertiger Lieferung.

Die folgenden Ausführungen konzentrieren sich auf die Bestimmung des Sicherheitsbestands bei vorgegebenem Lieferbreitschaftsgrad. Dabei wird ausschließlich der Ungewißheit über den Bedarf im Eindeckungszeitraum Rechnung getragen.

3.1.3.3. Bestimmung des Sicherheitsbestands auf der Basis von wahrscheinlichkeitstheoretischen Überlegungen

3.1.3.3.1. Wahrscheinlichkeitstheoretische Grundlagen der Sicherheitsbestandsbestimmung

Die Bestimmung des zur Gewährleistung eines bestimmmten Lieferbereitschaftsgrades notwendigen Sicherheitsbestands kann von einer empirischen Häufigkeitsverteilung des Bedarfs eines Materials im Eindeckungszeitraum ausgehen und die Bedarfsmenge bestimmen, die mit der durch den Lieferbereitschaftsgrad vorgegebenen Wahrscheinlichkeit nicht überschritten wird. Dieses Verfahren ist zum einen sehr aufwendig und zum anderen nur dann sinnvoll, wenn die Bedingungen, unter denen die Bedarfswerte erhoben wurden, konstant waren.

Die im folgenden dargestellte Vorgehensweise zur Berechnung des Sicherheitsbestands nutzt einige aus der statistischen Wahrscheinlichkeitstheorie bekannten Gesetzmäßigkeiten. Ihre Übertragung auf die Fragestellung der Sicherheitsbestandsplanung setzt voraus, daß die beiden Bestimmungsfaktoren Bedarf pro Zeiteinheit und Länge des Eindeckungszeitraums eine empirische Häufigkeitsverteilung zeigen, die es erlaubt, die empirische Häufigkeitsverteilung durch eine theoretische Verteilung, insbesondere durch eine Normalverteilung oder eine Poissonverteilung, zu approximieren.

Die Normalverteilung ist eine mathematische Funktion, die Daten beschreibt, die einer besonderen Art der eingipfeligen symmetrischen Verteilung folgen. Eine besondere Eigenschaft der Normalverteilungen ist, daß sie unabhängig von ihren charakteristischen Merkmalen, dem Mittelwert ($\bar{B}$) und der Standarabweichung (s), immer dieselbe Form haben. Die folgende Abbildung zeigt 2 Normalverteilungen, deren Mittelwerte und Standardabweichungen sich unterscheiden.

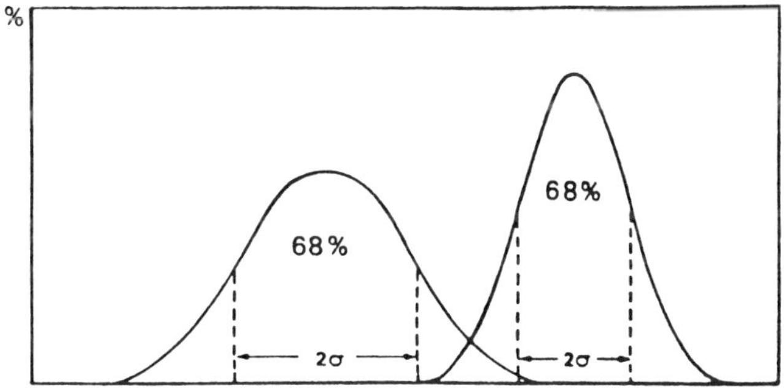

Abb. 30: Normalverteilung

Eine Normalverteilung weist die folgenden Eigenschaften auf:

- die Bedarfswerte schwanken symmetrisch um den Mittelwert, d.h. Bedarfswerte, die kleiner sind als der Mittelwert, treten ebenso häufig auf wie Bedarfswerte, die größer sind als der Mittelwert
- 68% der Bedarfswerte liegen zwischen +/- 1s vom Mittelwert aus, 95% der Bedarfswerte liegen zwischen +/- 2s vom Mittelwert aus 99,7% der Bedarfswerte liegen zwischen +/- 3s vom Mittelwert aus
- Mittelwert und Median der Häufigkeitsverteilung sind gleich

Weist eine empirische Zeitreihe diese Eigenschaften im wesentlichen auf, kann sie durch eine Normalverteilung approximiert werden; dies erleichtert die Bestimmung des erforderlichen Sicherheitsbestands erheblich.

Bestimmung des arithmetischen gewichteten Mittelwerts (Erwartungswerts):

Der Mittelwert wird als Summe aller Bedarfswerte dividiert durch die Anzahl der Beobachtungen oder als Summe der mit den relativen

Häufigkeiten gewichteten Bedarfswerte errechnet. Der errechnete Wert muß in dieser Ausprägung nicht in der Realität vorkommen.

Bestimmung des Medians (Zentralwert):

Der Median ist der Wert, der in einer der Größe nach geordneten Reihe von Einzelwerten in der Mitte liegt oder der ebensoviel größere oder gleich große Werte über sich wie gleich große oder kleinere unter sich hat.

Bestimmung der Standardabweichung:

Die Standardabweichung ist ein Streuungsmaß, das die Abweichungen zwischen den Bedarfswerten der Vergangenheit und dem arithmetischen Mittel angibt.

Die Standardabweichung wird wie folgt errechnet:

$$s^2 = \frac{1}{n} * \Sigma (B_i - \overline{B})^2 \quad \text{(Varianz)}$$

$$s = \sqrt{\frac{1}{n} * \Sigma (B_i - \overline{B})^2}$$

Beispiel:

In einem Unternehmen wurden die Bedarfswerte der letzten 20 Monate für Material X aufgezeichnet:

Bedarfsmenge	absolute Häufigkeit	relative Häufigkeit
0	0	0%
1	0	0%
2	1	5%
3	2	10%
4	3	15%
5	4	20%
6	5	25%
7	3	15%
8	1	5%
9	1	5%
10	0	0%
	20	100%

arithmetischer gewichteter Mittelwert (Erwartungswert)
$\overline{B} = 2*0{,}05 + 3*0{,}10 + 4*0{,}15 + 5*0{,}2 + 6*0{,}25 + 7*0{,}15 + 8*0{,}05 + 9*0{,}05 = 5{,}40$

Median (Zentralwert):
2 3 3 4 4 4 5 5 5 [5] 6 6 6 6 6 7 7 7 8 9

Varianz:
$(2-5{,}4)^2*0{,}05 + (3-5{,}4)^2*0{,}10 + (4-5{,}4)^2*0{,}15 + (5-5{,}4)^2*0{,}20 + (6-5{,}4)^2*0{,}25 + (7-5{,}4)^2*0{,}15 + (8-5{,}4)^2*0{,}05 + (9-5{,}4)^2*0{,}05 = 2{,}94$

Standardabweichung: 1,71

Die Zahlenreihe zeigt, daß jeweils die Hälfte der Bedarfswerte oberhalb und unterhalb der Mittelwerte liegt, die Verteilung ist etwa symmetrisch.

75% der Bedarfswerte liegen zwischen 4 und 7, also +/- 1 Standardabweichung vom Mittelwert, 100% der Bedarfswerte liegen innerhalb der Grenzen von +/- 3 Standardabweichungen vom Mittelwert.

Die empirische Zeitreihe läßt sich sehr gut durch eine Normalverteilung mit den Parametern 5,4 und 1,7 approximieren.

Die POISSONVERTEILUNG ist eine mathematische Funktion, die Daten beschreibt, die einer bestimmten Art der eingipfligen, häufig schiefen Verteilung folgen.

Eine besondere Eigenschaft der Poissonverteilung ist, daß ihre Varianz immer gleich ihrem Mittelwert ist:

Mittelwert = Varianz

Damit weist die Poissonverteilung nur einen charakteristischen Wert oder Parameter auf: den Mittelwert.

Im Gegensatz zur Normalverteilung weist die Poissonverteilung nicht unabhängig von ihrem Parameter immer die gleiche Form auf:

- Verteilungen mit Mittelwert größer 1 und kleiner 4 sind eingipflig schief und laufen weit nach rechts aus - dies ist der für die Beschaffung von Material mit geringem Bedarf interessante Anwendungsbereich
- Verteilungen mit Mittelwerten größer 4 werden zunehmend symmetrisch.

Zur Beurteilung, ob eine empirische Verteilung von Bedarfswerten durch eine Poissonverteilung approximiert werden kann, ist zu prüfen

a) ob der Mittelwert und die Varianz der Verteilung (annähernd) gleich sind

b) ob die relativen Häufigkeiten des Auftretens bestimmter Bedarfswerte annähernd den theoretischen Wahrscheinlichkeiten entsprechen.

Die theoretische Wahrscheinlichkeit für das Auftreten eines bestimmten Wertes kann aus Tabellen der Verteilungsfunktion entnommen werden, die in jedem Statistik-Lehrbuch enthalten sind.

Die Verteilungsfunktion beschreibt die Wahrscheinlichkeit, mit der ein bestimmter Wert **nicht überschritten wird**. Beispielhaft ist in der folgenden Tabelle die Verteilungsfunktion einer poissonverteilten Zufallsvariablen mit Mittelwert 3 und 4 gegenübergestellt:

Bedarfswert	kumulierte Wahrscheinlichkeit	
	Mittelwert 3	Mittelwert 4
0	0,0479	0,0183
1	0,1991	0,0916
2	0,4232	0,2381
3	0,6472	0,4335
4	0,8153	0,6288
5	0,9161	0,7851
6	0,9665	0,8893
7	0,9881	0,9489
8	0,9962	0,9786
9	0,9989	0,9919
10	0,9997	0,9972
11	0,9999	0,9991
12	1	0,9997
13	1	0,9999
14	1	1

Die kumulierte Wahrscheinlichkeit für das Auftreten eines Wertes von 5, d.h. für das Auftreten eines Wertes größer 0 und kleiner/gleich 5 ist bei einem Mittelwert von 3: 0,9161. Die Wahrscheinlichkeit für das Auftreten eines Wertes mit genau der Ausprägung 5 ist gleich der kumulierten Wahrscheinlichkeit von 5 abzüglich der kumulierten Wahrscheinlichkeit des Auftretens eines Wertes kleiner/gleich 4: 0,1008.

Die Poissonverteilung ist insbesondere für Materialien mit unregelmäßig auftretendem, geringem Bedarf von Bedeutung.

3.1.3.3.2. Die Bestimmung des Sicherheitsbestands bei normalverteilten Bedarfswerten

Die erläuterten Gesetzmäßigkeiten der Normalverteilung können unmittelbar zur Bestimmung des erforderlichen Sicherheitsbestands genutzt werden, wenn die empirische Verteilung der Bedarfswerte im

Eindeckungszeitraum durch eine Normalverteilung befriedigend approximiert werden kann und Mittelwert und Standardabweichung des Bedarfs im Eindeckungszeitraum bekannt sind:

Aus dem Tatbestand, daß die Normalverteilung eine symmetrische Verteilung darstellt, d.h. in 50% der Fälle der Bedarf im Eindekkungszeitraum kleiner/gleich dem Mittelwert sein wird, folgt, daß **ohne Sicherheitsbestand** ein α- Lieferbreitschaftsgrad von 50% erreicht wird.

Wird ein α-Lieferbereitschaftsgrad größer 50% gewünscht, muß ein Sicherheitsbestand gehalten werden, dessen Höhe von der Streubreite (Standardabweichung) und dem geforderten Lieferbereitschaftsgrad abhängig ist: unabhängig von den Parametern liegen zwischen dem Mittelwert und den Werten (Mittelwert + Standardabweichung) bzw. (Mittelwert - Standardabweichung) je 34,13% der Bedarfsfälle.

Mit einem Sicherheitsbestand in Höhe von 1 * Standardabweichung wird demnach ein Lieferbereitschaftsgrad von 50% + 34,13% = 84,13% erreicht.

Wird ein höherer Lieferbereitschaftsgrad angestrebt, muß der Sicherheitsbestand jeweils um eine Anzahl Vielfache der Standardabweichung, die Sicherheitsfaktor genannt wird, gesteigert werden.

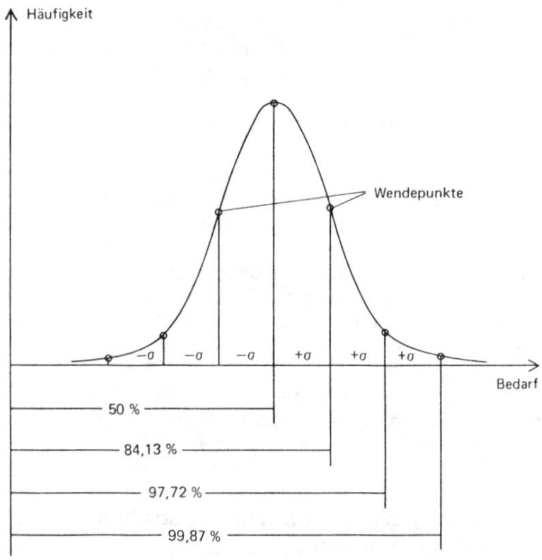

Abb. 31: Normalverteilung und Lieferbereitschaftsgrade

Sicherheits- bestand	=	Sicherheits- faktor	*	Standardabweichung des Bedarfs im Eindeckungszeitraum
SB	=	k	*	s (BEZ)

Nachfolgende Tabelle zeigt für einige Lieferbereitschaftsgrade die erforderlichen Sicherheitsfaktoren:

Vielfache der Standardabweichung	Lieferbereitschaftsgrad (Sicherheitsfaktor)
0,00	50,00%
1,00	84,13%
1,29	90,00%
1,41	92,00%
1,50	93,31%
1,75	96,00%
2,06	98,00%
2,33	99,00%
2,50	99,38%
3,00	99,87%

Beispiel:

Das Material X weist einen Bedarf im Eindeckungszeitraum auf mit

Mittelwert M(BEZ): 50 ME
Standardabweichung s(BEZ): 15 ME

Ein Sicherheitsbestand wird in diesem Falle benötigt, um Bedarfsmengen zu befriedgen, die höher sind als der Mittelwert, als 50 ME. Wie hoch der Sicherheitsbestand sein muß, wird durch den geforderten Lieferbereitschaftsgrad bestimmt:

Die Wahrscheinlichkeit, daß der Bedarf kleiner/gleich 65 ME ist, beträgt 84,13%. Um einen Lieferbreitschaftsgrad von 84,13% zu sichern, muß der durchschnittliche Lagerbestand um 1s = 15ME erhöht werden.

Um einen Lieferbereitschaftsgrad von 97,72% zu erreichen, muß ein Sicherheitsbestand gehalten werden in Höhe von 2s = 30 ME.

Die Parameter der Zufallsvariablen "Bedarf im Eindeckungszeitraum" können aus einer empirischen Häufigkeitsverteilung - wie unter 3.1.3.3.1. gezeigt - ermittelt werden.

Liegen verbrauchsorientierte Prognosen und Aufschreibungen des Bedarfs für andere Zeiträume als den Eindeckungszeitraum vor, können Mittelwert und Standardabweichung nach den Regeln für Linearkombinationen von Zufallsvariablen errechnet werden: Ist der Eindeckungszeitraum ein Vielfaches des Prognosezeitraums kann der Bedarf im Eindeckungszeitraum als Summe der Bedarfswerte aufgefasst werden, deren Anzahl Summanden stochastisch ist, wenn der Eindeckungszeitraum stochastisch ist.

Die Parameter sind nach den folgenden Gleichungen zu errechnen:

$$M(BEZ) = M(B)*M(EZ)$$

$$s(BEZ) = \sqrt{M(EZ)*s^2(B)+s^2(EZ)*M^2(B)}$$

Beispiel:

Die Bedarfsaufschreibung und -prognose für Material X erfolgt wöchentlich. Der Mittelwert des Bedarfs beträgt 25 ME, die Standardabweichung des Bedarfs beträgt 20 ME je Woche.

Das Material wird in einem Bestellpunktsystem disponiert; die Lieferzeit beträgt 4 Wochen, der Lieferant weist eine hohe Lieferpünktlichkeit auf. Der Eindeckungszeitraum des Sicherheitsbestands ist demnach genau bekannt (deterministisch). Es wird ein Lieferbereitschaftsgrad von 96% angestrebt. Der erforderliche Sicherheitsbestand errechnet sich wie folgt:

$$SB = 1,75 * s(BEZ)$$

$$s\ (BEZ) = \sqrt{4*20^2 + 0*25^2} = 40$$

$$SB = 70$$

3.1.3.4. Bestimmung des Lieferbereitschaftsgrades

Die Tabelle der Sicherheitsfaktoren und der erreichten Lieferbereitschaftsgrade zeigt, daß der Sicherheitsbestand eine Funktion des Lieferbereitschaftsgrades ist. Die Gegenüberstellung macht darüber hinaus deutlich, daß eine Erhöhung des gewünschten Lieferbereitschaftsgrades eine überproportionale Steigerung des Sicherheitsbestands erforderlich macht. Da der Lagerbestand bei Eintreffen der Lieferung (bei normalverteiltem Bedarf) in 50% der Fälle größer oder gleich dem Sicherheitsbestand ist, liegt der Sicherheitsbestand (im Gegensatz zu dem durch die Bestellmenge verursachten Lagerbestand) im Durchschnitt ständig an Lager und verursacht entsprechende Kapitalbindung und Lagerkosten.

Beispiel:

Der Bedarf im Eindeckungszeitraum sei normalverteilt mit den Parametern

M (BEZ) = 100
s (BEZ) = 20

Der Lagerhaltungskostensatz betrage 15% p.a. des durchschnittlichen Lagerbestandswerts, der Einstandspreis des gelagerten Materials sei 10 DM.

Die folgende Tabelle und Abbildung zeigen die Lagerkosten des Sicherheitsbestands in Abhängigkeit vom geforderten Lieferbereitschaftsgrad.

Lieferbereitschaftsgrad	Lagerbestandswert	Lagerkosten p.a.
50,00%	0,0 DM	0,00 DM
84,13%	20 * 1,00 * 10 = 200,0 DM	30,00 DM
90,00%	20 * 1,29 * 10 = 258,0 DM	38,70 DM
92,00%	20 * 1,41 * 10 = 282,0 DM	42,30 DM
93,31%	.... 300,0 DM	45,00 DM
96,00%	.... 350,0 DM	52,50 DM
98,00%	.... 412,0 DM	61,80 DM
99,00%	.... 466,0 DM	69,90 DM
99.38%	.... 500,0 DM	75,00 DM
99,87%	.... 600,0 DM	90,00 DM

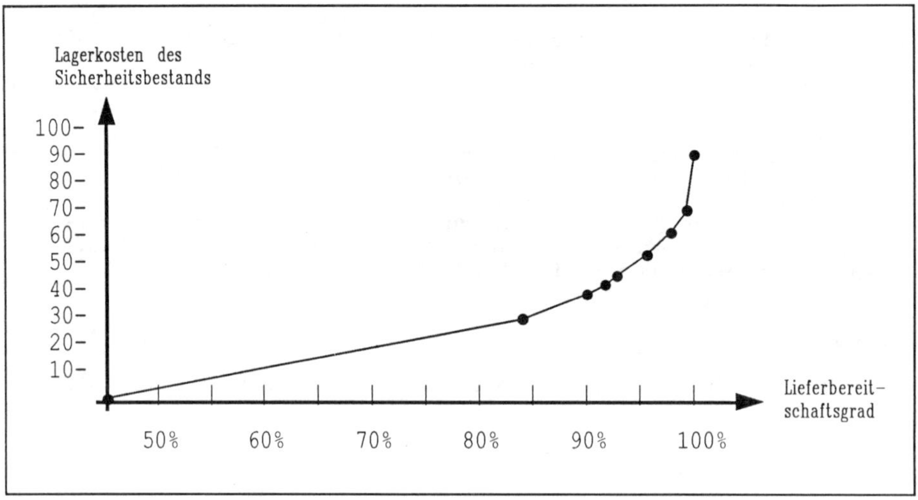

Abb. 32: Lagerkosten des Sicherheitsbestands in Abhängigkeit vom Lieferbereitschaftsgrad

Eine Erhöhung des Lieferbreitschaftsgrades von 93,31% auf 99,87% - also eine Erhöhung um "nur" 6,56% - hat eine Verdoppelung der Lagerkosten des Sicherheitsbestands zur Folge; im Vergleich dazu kann mit einer Verdoppelung der jährlichen Lagerkosten von 30 DM auf 61,80 DM eine Steigerung des Lieferbereitschaftsgrades von 84,13% auf 98% - also um 13,87% - erreicht werden.

Das Beispiel macht deutlich, daß Steigerungen des Lieferbereitschaftsgrades über ca. 95% sehr "teuer" sind.

Der Nutzen eines Sicherheitsbestands besteht in der Vermeidung von stockout-Situationen und den hierdurch entstehenden aufwandsgleichen und Opportunitätskosten. Analog den Überlegungen zur optimalen Bestellmenge ergibt sich:

Eine Steigerung des Lieferbereitschaftsgrades ist sinnvoll, wenn die entstehenden Lagerkosten des Sicherheitsbestands mindestens durch die sinkenden Fehlmengenkosten kompensiert werden.

Im Gegensatz zu den Lagerhaltungskosten ist es für die Fehlmengenkosten nicht möglich, einen allgemeingültigen funktionalen Zusammenhang zwischen dem α-Servicegrad und der Höhe der zu erwartenden Fehlmengenkosten abzuleiten - daraus folgt, daß die Bestimmung eines optimalen Lieferbereitschaftsgrades **allgemeingültig** nicht möglich ist.

Die Probleme bei der Bestimmung der Fehlmengenkostenfunktion sind darauf zurückzuführen, daß Fehlmengenkosten als quantifizierte negative Folgen einer stockout-Situation vielerlei Erscheinungsformen haben können und nicht nur im Bereich Beschaffung sondern unter Umständen auch in den nachgelagerten Funktionen entstehen. Im folgenden werden - ohne Anspruch auf Vollständigkeit - mögliche Fehlmengenkostenarten aufgeführt:

Der **Beschaffung** entstehen Fehlmengenkosten, wenn

(1) die Gefahr einer drohenden stockout-Situation so rechtzeitig erkannt wird, daß Maßnahmen zur Vermeidung ihres Eintretens ergriffen werden können.

Zur Beschleunigung der Transportgeschwindigkeit können evtl. schnellere und damit teurere Transportmittel eingesetzt werden, eine die stockout-Situation möglicherweise vermeidende Maßnahme könnte auch darin bestehen, auf lieferfähige alternative Lieferanten oder Substitutionsmaterialien überzugehen bzw. alternative Bezugswege zu wählen (Bezug beim Händler anstelle beim Produzenten).

(2) Maßnahmen ergriffen werden, um die Dauer einer entstandenen stockout-Situation zu verkürzen. Die Alternativen entsprechen den unter 1) genannten.

Der **Fertigung** entstehen Fehlmengenkosten, wenn das geplante Produktionsprogramm aufgrund fehlenden Materials nicht durchgeführt werden kann. Die Fehlmenge kann Abweichungen vom kostenoptimalen Fertigungsprogramm und -ablaufplan notwendig machen und führt unter Umständen zu einer Betriebsunterbrechung mit Opportunitätskosten wegen unbeschäftigter Mitarbeiter und Maschinen. Im Anschluß einer Betriebsunterbrechung werden möglicherweise Anstrengungen unternommen, zugesagte Liefertermine einzuhalten, die suboptimale Losgrößen und Maschinenbelegungspläne und/oder Überstunden erforderlich machen.

Dem **Vertrieb** entstehen Fehlmengenkosten, wenn die stockout-Situation im Beschaffungslager dazu führt, daß zugesagte Liefertermine nicht oder nur durch die Verkürzung der Transportzeit eingehalten werden können bzw. wenn Fehlmengen im Absatzlager ausgelöst werden und dadurch (potentielle) Nachfrage von Kunden nicht befriedigt werden kann. Die negativen Folgen auf der Absatzseite können in Form von Konventionalstrafe, zusätzlichen Transportkosten und Opportunitätskosten entgangenen Umsatzes und Imageverlustes auftreten.

Die Beispiele machen deutlich, daß Höhe und Erscheinungsformen der Fehlmengenkosten in den verschiedenen Beschaffungssituationen sehr stark variieren.

Die Höhe der Fehlmengenkosten zur **Vermeidung einer drohenden stockout-Situation** wird im wesentlichen durch die Zeit zwischen dem Erkennen der Knappheitssituation und dem Bedarfszeitpunkt und durch die vorhandenen Substitutionsprodukte und -lieferanten bestimmt.

Art und Umfang der Folgen einer **entstandenen stockout-Situation** sind weniger von der Häufigkeit von Fehlmengen als vielmehr von der Dauer des stockouts und der fehlenden Menge abhängig. Insofern ist der α-Servicegrad nicht der entscheidende Bestimmungsfaktor der Fehlmengenkosten.

Die Höhe der entstehenden Fehlmengenkosten bei bekannter stockout-Dauer und bekannter Fehlmenge weisen wiederum verschiedene Bestimmungsfaktoren auf; die wesentlichen sind: Flexibilität der Produktion, Länge der zugesagten Lieferzeit, Abhängigkeit des Kunden von dem Produkt, Substituierbarkeit des Produkts, Markentreue des Kunden.

3.1.4. Bestellmengenplanung

3.1.4.1. Bestellmengenplanung als Kostenminimierungsproblem

Die Bestellmengenplanung hat die Aufgabe, die Bedarfe von Teilperioden (z.B. von Wochen) zu Bestellmengen zusammenzufassen bzw. den Gesamtbedarf längerer Planungszeiträume (z.B. eines Jahres) in mehrere Bestellmengen aufzuteilen.

Ziel der Bestellmengenplanung ist die Bestimmung der Bestellmenge, die die geringsten Kosten verursacht.

Beim Vergleich alternativer Bestellmengen sind die "relevanten" Kosten, das sind die von der Bestellmenge abhängigen Kosten, zu berücksichtigen:

- Einstandskosten
- Bestellkosten
- Lagerkosten
- Fehlmengenkosten

Die **Materialeinstandskosten** pro Stück bzw. pro Jahr gehen mit **steigender Bestellmenge zurück**: Sind mit dem Lieferanten keine langfristigen Verträge über Abnahmemengen und Preise vereinbart worden, vermindern sich die Einstandskosten mit zunehmender Bestellmenge, da Mindermengenzuschläge entfallen und Bestellmengenrabatte gewährt werden.

In Theorie und Praxis wird davon ausgegangen, daß der für die Lieferantensuche, -auswahl, Verhandlung und Bestellabwicklung erforderliche Aufwand (insb. Personal-, Porto-, Telefonkosten u.ä.) weitgehend unabhängig von der Menge ist, die bestellt wird, d.h. den Charakter von fixen Kosten je Bestellung hat. Daraus ergibt sich, daß die pro Mengeneinheit bzw. pro Jahr anfallenden **Bestellkosten mit steigender Bestellmenge zurückgehen**: Je größer die jeweilige Bestellmenge, umso seltener wird bestellt, auf um so mehr Mengeneinheiten verteilt sich der für eine Bestellmenge erforderliche Aufwand.

Eine Abhängigkeit zwischen der Höhe der Bestellmenge und den im Jahr entstehenden Fehlmengenkosten durch Lieferunfähigkeit des Eingangslagers besteht insofern, als die Bestellmenge über die Bestellhäufigkeit entscheidet. Die Gefahr einer Lieferunfähigkeit besteht in aller Regel nur in der Zeit, in der eine Bestellung ausgelöst, aber noch nicht ausgeliefert wurde (Wiederbeschaffungszeit). **Je höher die Bestellmenge**, umso seltener besteht daher die Gefahr einer Lieferunfähigkeit, umso **geringer sind die Fehlmengenkosten** je Planungsperiode.

Die Ausführungen zur Abhängigkeit der Einstands-, Bestell- und Fehlmengenkosten von der Höhe der Bestellmenge lassen vermuten, daß eine möglichst hohe Bestellmenge zu wählen ist. Die Kostenersparnisse, die mit einer Erhöhung der Bestellmenge bei den 3 betrachteten Kostenarten erzielt werden kann, kann jedoch überkompensiert werden durch das Ansteigen der Lagerkosten.

Je höher die Bestellmenge gewählt wird, umso höher ist der durchschnittlich am Lager befindliche Lagerbestand bzw. um so länger liegt ein Material bis zu seiner Verwendung am Lager, d.h. umso **höher** sind die pro Jahr bzw. pro Mengeneinheit anfallenden **Lagerkosten**.

Diese konfliktäre Beziehung zwischen Bestellkosten, Einstandskosten und Fehlmengenkosten einerseits und Lagerkosten andererseits macht es erforderlich, die Bestellmenge so zu bestimmen, daß die **Summe** aus Einstands-, Bestell-, Fehlmengen- und Lagerkosten minimal wird.

In den nachfolgenden Abschnitten werden einige Modelle zur Bestimmung der optimalen Bestellmenge vorgestellt und daraufhin untersucht, inwieweit sie dem Anspruch, die **optimale** Bestellmenge zu finden, gerecht werden.

3.1.4.2. Systematisierung der Bestellmengenmodelle

- ob unterschiedlich hoher Bedarf der Teilperioden verarbeitet wird (dynamische Modelle), oder gleichmäßiger Lagerabgang unterstellt wird (stationäre Modelle),

- ob stark schwankende oder zukünftig steigende Materialeinstandskosten als Motiv für Beschaffungen betrachtet werden (Modelle zur Unterstützung spekulativer Lagerhaltung), oder ob unter konstanten Bedingungen das Minimum aus Materialeinstands-Lager- und Bestellkosten gesucht wird (Modelle zur Unterstützung der Ausgleichslagerhaltung).

Alle im folgenden dargestellten Modelle unterstellen den Einprodukt-Ein-Lager-Fall: Es wird davon ausgegangen, daß die verschiedenen Materialien unabhängig voneinander bestellt werden (d.h. es werden keine Sammelbestellungen angestrebt), und ihre Bevorratung erfolgt in einem Lager.

Aus den unterschiedlichen Entscheidungsprämissen der Modelle ergibt sich eine weitere Differenzierung in analytische und heuristische Modelle:

Analytische Ansätze versuchen, die Problemstellung durch ein mathematisches Modell abzubilden. Hierzu ist häufig eine Reihe von Prämissen notwendig, die in der Realität nicht angetroffen werden. Innerhalb der formulierten Prämissen gewährleisten analytische Ansätze optimale Lösungen.

Heuristische Ansätze sind häufig Ansätze "systematischen Probierens", die keine optimalen Lösungen, jedoch gute Lösungen versprechen. Sie verzichten in der Regel auf wichtige Einschränkungen der analytischen Ansätze und liefern daher in einigen Entscheidungssituationen bessere Ergebnisse als die analytischen Modelle, obwohl der Lösungsweg einfacher erscheint als der der analytischen Ansätze.

3.1.4.3. Das Grundmodell der Bestellmengenplanung

Das klassische Bestellmengenmodell ist als analytischer, deterministischer, stationärer Ansatz einzuordnen.

Das klassische Bestellmengenmodell geht von einem als bekannt vorausgesetzten Jahresbedarf eines Materials aus und stellt die

Frage in wieviel (jeweils gleich große) Bestellmengen dieser aufgeteilt werden soll.

Bei dem Vergleich der alternativen Bestellmengen werden nur zwei Kostenarten - die Lagerhaltungskosten und die Bestellkosten je Mengeneinheit oder Jahr - berücksichtigt. Die Zielfunktion des Grundmodells lautet:

Minimiere die Summe aus Bestell- und Lagerhaltungskosten pro Mengeneinheit bzw. Jahr !

Mit dieser Beschränkung in der Zielfunktion wird unterstellt,

- daß die Höhe der Materialeinstandskosten nicht von der Entscheidung über die Höhe der Bestellmenge abhängig ist, d.h. daß es weder Mindermengenzuschläge noch Bestellmengenrabatte gibt,
- daß die Höhe der Fehlmengenkosten nicht von der Höhe der Bestellmenge beeinflußt wird, d.h. daß Fehlmengen durch entsprechende Sicherheitsbestände verhindert werden.

Das Grundmodell der Bestellmengenplanung unterstellt fixe Bestellkosten je Bestellung, deren Höhe bekannt und über den Planungshorizont konstant sind. Die Bestellkosten pro Jahr bzw. pro Mengeneinheit des Materialbedarfs in Abhängigkeit von der gewählten Bestellmenge zeigen damit den folgenden Verlauf:

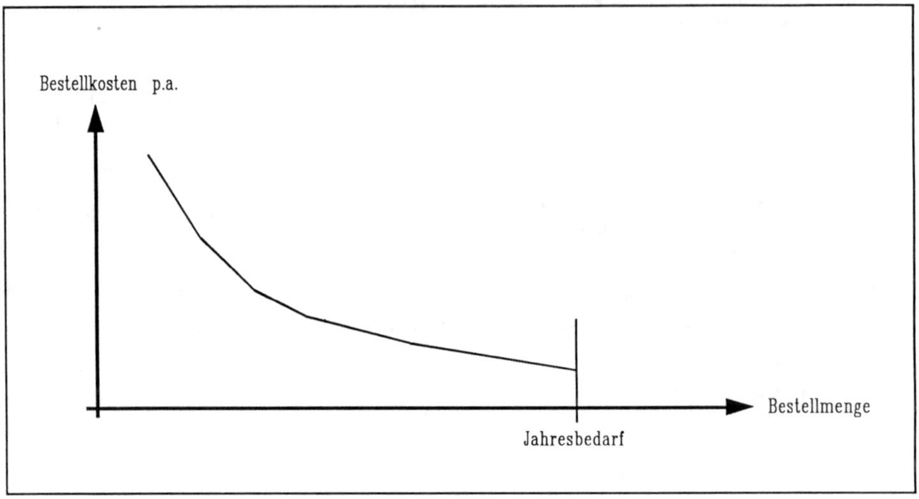

Abb. 33: Bestellmenge und Bestellkosten

Die Lagerkosten werden als (fester) Prozentsatz des durchschnittlich gelagerten Materialwerts berechnet, der Zinskosten, fixe Lagerkosten, Schwund etc. enthält. Der durchschnittlich im Lager befindliche Materialwert errechnet sich als Produkt aus durchschnittlichem Materialbestand in Mengeneinheiten und Einstandspreis. Da von einem gleichmäßigen Lagerabgang in den Teilperioden ausgegangen wird (stationäres Modell), ist im Durchschnitt jeweils die Hälfte der Bestellmenge am Lager:

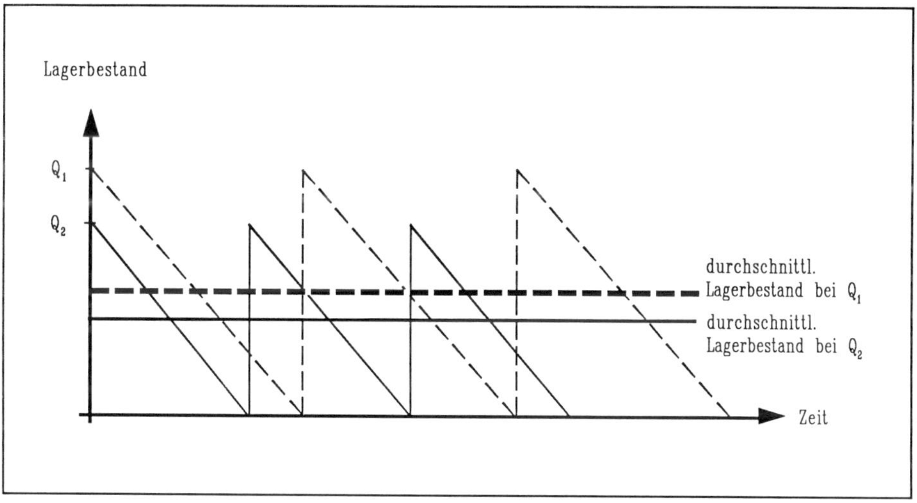

Abb. 34: Bestellmenge und durchschnittlicher Lagerbestand

Aus den Ausführungen des letzten Abschnittes wurde bereits deutlich, daß die Entwicklung der Lager- und der Bestellkosten in Abhängigkeit von der Bestellmenge gegenläufig ist: während die Bestellkosten je Mengeneinheit oder Jahr mit steigender Bestellmenge (oder sinkender Bestellhäufigkeit) zurückgehen, steigen die Lagerkosten mit zunehmender Bestellmenge an.

Ausgehend von einer extremen Bestellpolitik, bei der jede benötigte Mengeneinheit einzeln bestellt wird, ergibt sich folgende Überlegung:

Eine Erhöhung der Bestellmenge ist solange sinnvoll, wie die Zunahme der Lagerkosten nicht die Abnahme der Bestellkosten überkompensiert.

Diese Überlegung veranschaulicht das folgende Beispiel:

Jahresbedarf des Materials x	50.000 Mengeneinheiten
Bestellkosten	100 DM pro Bestellung
Lagerkosten	10 % p.a. des durchschnittlichen Lagerwerts
Einstandspreis	5 DM pro Mengeneinheit

	Bestellmenge (Q)		
	Q1: 2.000	Q2: 5.000	Q3: 10.000
Anzahl Bestellungen pro Jahr	25	10	5
durchschnittlicher Lagerbestand in ME	1.000	2.500	5.000
durchschnittlicher Lagerbestand in DM	5.000	12.500	25.000
Bestellkosten pro Jahr	2.500	1.000	500
Lagerkosten pro Jahr	500	1.250	2.500
Bestell- + Lagerkosten pro Jahr	3.000	2.250	3.000

Das Beispiel zeigt, daß die Bestellmenge in Höhe von 5.000 ME die - unter den verglichenen Alternativen - relativ beste ist, d.h. die die geringste Summe an Bestell- und Lagerkosten aufweist. Die Steigerung der Bestellmenge von 2.000 ME auf 5.000 ME verursacht zwar eine Steigerung der jährlichen Lagerkosten um 750 DM, diese Kostensteigerung wird jedoch überkompensiert durch den Rückgang der jährlichen Bestellkosten in Höhe von 1.500 DM. Die Senkung der Summe aus Bestell- und Lagerkosten beträgt 750 DM.

Eine weitere Steigerung der Bestellmenge von 5.000 ME auf 10.000 ME verursacht eine weitere Steigerung der jährlichen Lagerkosten um 1.250 DM, während die jährlichen Bestellkosten nur um 500 DM sinken, so daß insgesamt eine Kostensteigerung von 750 DM zu verzeichnen ist.

Als analytisches Verfahren bildet das Grundmodell der Bestellmengenplanung die Entscheidungssituation in einem mathematischen Modell ab. In diesem Fall wird eine Kostenfunktion formuliert, die die Abhängigkeit der Bestell- und Lagerkosten von der Bestellmenge aufzeigt:

$$K = \frac{J}{Q} * BK + \frac{Q}{2} * EP * LHK$$

wobei J: Jahresbedarf
Q: Bestellmenge
EP: Einstandspreis
LHK: Lagerkostensatz pro Jahr in % des Lagerwerts

BK: Bestellkosten

Das Minimum dieser Kostenfunktion und damit die optimale Bestellmenge erhält man durch Differenzieren nach Q, durch Nullsetzen der ersten Ableitung und Auflösen nach der Variablen Q:

$$\frac{dK}{dQ} = \frac{-BK}{Q^2} * J + \frac{EP}{2} * LHK = 0$$

$$Q_{opt.} = \sqrt{\frac{2 * J * BK}{EP * LHK}}$$

Für das obige Beispiel ergibt sich die folgende Kostenfunktion und optimale Bestellmenge:

$$K = \frac{50.000}{Q} * 100 + \frac{Q}{2} * 5 * 0,1$$

$$Q_{opt.} = \sqrt{\frac{2 * 50.000 * 100}{5 * 0,10}} = 4.472,14$$

Die grafische Darstellung der Kostenfunktionen in Abhängigkeit von der Bestellmenge zeigt, daß die u-förmig verlaufende Summe aus Bestell- und Lagerkosten ihr Minimum im Schnittpunkt der beiden Kostenfunktionen erreicht: eine weitere Steigerung der Bestellmenge über das Optimum hinaus verursacht eine Steigerung der Lagerkosten, die durch das Sinken der Bestellkosten nicht aufgefangen wird.

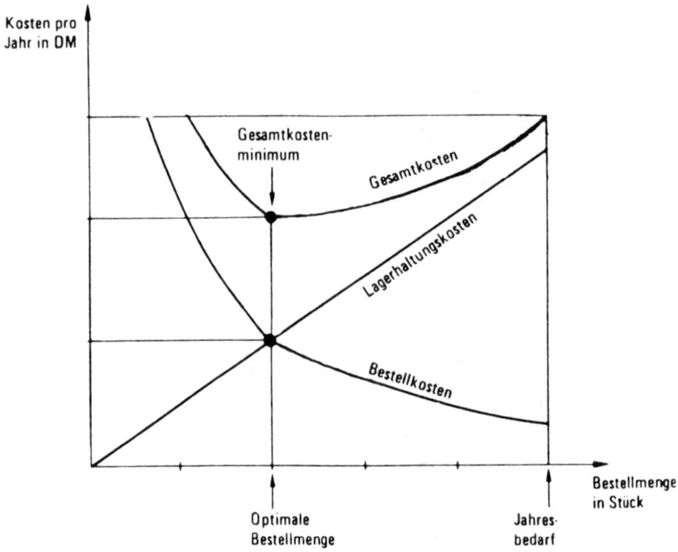

Abb. 35: Ermittlung der optimalen Bestellmenge

Die optimale Bestellhäufigkeit pro Jahr wird errechnet, indem der Jahresbedarf durch die optimale Bestellmenge dividiert wird.

Abschließend werden nochmals die wichtigsten Annahmen des Grundmodells der Bestellmengenplanung genannt:

- der Lagerabgang in den Teilperioden ist immer gleich hoch (kontinuierlich);
- alle in die Berechnung eingehenden Parameter sind bekannt und über die Planungsperiode konstant;
- der Einstandspreis wird nicht von der Höhe der Bestellmenge beeinflußt;
- die Bestellmenge kann kontinuierlich variiert werden, d.h. jede Bestellmenge zwischen 1 ME und Jahresbedarf ist möglich;
- die Bestellmengenentscheidung unterliegt keinen Beschränkungen des Lagerraums oder der Finanzierung.

Sind die genannten Prämissen in einer Entscheidungssituation nicht gegeben, kann das Modell angewendet werden, die gefundene Lösung garantiert jedoch nicht das Optimum!

3.1.4.4. Bestimmung der optimalen Bestellmenge bei mengenabhängigen Einstandspreisen

Das Grundmodell der Bestellmengenplanung berücksichtigt nur die Wirkung der Bestellmenge auf die Bestellkosten und die Lagerkosten; der Einstandspreis in der Formel zur Berechnung der optimalen Bestellmenge dient nur zur Bewertung des durchschnittlichen Lagerbestands. Ist der Einstandspreis für das benötigte Material von der Höhe der Bestellmenge abhängig, müssen die Materialeinstandskosten berücksichtigt werden.

Die Bestimmung der optimalen Bestellmenge bei Bestellmengenrabatten ist in zwei Schritten durchzuführen:

1. Schritt:

Berechnung einer optimalen Bestellmenge 1 nach der Grundformel auf Basis des Normalpreises und Vergleich des Ergebnisses mit der Mindestbestellmenge zur Erreichung des Rabatts;

2. Schritt:

Ist die errechnete Bestellmenge **1 größer** als die Mindestbestellmenge, wird die Grundformel nochmals angewendet, diesmal mit dem Rabattpreis. Die neue Bestellmenge wird etwas größer als bei dem

Normalpreis, da der Wert des Lagerbestands sinkt. Die Bestellmenge 2 ist optimal.

Ist die errechnete Bestellmenge 1 **kleiner** als die Rabattmindestmenge, ist zu prüfen, ob anstelle der hinsichtlich Bestell- und Lagerkosten optimalen Bestellmenge die Rabattmindestmenge bestellt werden sollte.

Hierzu muß errechnet werden, ob die Ersparnisse bei den Einstandskosten ausreichen, um die Kostensteigerung bei den Bestell- und Lagerkosten mindestens auszugleichen. Höhere Bestellmengen als die Rabattmindestmenge müssen nicht mehr betrachtet werden, wenn diese keine weiteren Einsparungen bei den Einstandskosten versprechen: Jede weitere Entfernung von der hinsichtlich Bestell- und Lagerkosten optimalen Bestellmenge hat höhere Kosten zur Folge (u-förmiger Verlauf der Kostenfunktion).

Beispiel:

Es sollen die Angaben des Beispiels unter 3.1.4.3. gelten, also

Jahresbedarf (J)	=	50.000 ME
Bestellkosten (BK)	=	100.- je Bestellung
Lagerkostensatz (LKS)	=	10% p.a. des Lagerwerts
Einstandspreis (EP)	=	5.- DM

ab einer Bestellmenge von 10.000 ME gilt der Rabattpreis von DM 4,90 je ME

1. Schritt:

Die Berechnung der (vorläufigen) optimalen Bestellmenge 1 auf der Basis des Normalpreises ergibt Q = 4.472,14 ME (vgl. oben).

2. Schritt:

Gegenüberstellung der jährlichen Kosten bei Bestellmenge 1 und Rabattmindestmenge:

Kosten = Bestellkosten pro Jahr + Lagerkosten pro Jahr + Materialeinstandskosten pro Jahr

Kosten (Q_1) = 50.000/4.472,14 * 100 + 4,472,14/2 * 5 * 0,10 + 50.000 * 5
= 1.118,03 + 1.118,03 + 250.000 = 252 236,06

Kosten (Q_2) = 50.000/10.000 * 100 + 5.000/2 * 4,9 * 0,1 + 50.000 * 4,9
= 500 + 2.450 + 245.000 = 247.950

Der Kostenvergleich zeigt, daß die jährlichen Kosten für Bestellung und Lagerung um 713,94 DM ansteigen; die Ersparnis von 5.000 DM bei den jährlichen Einstandskosten gleicht diese Kostensteigerung aus und führt zu einer Gesamtersparnis bei Bestellung der Rabattmindestmenge in Höhe von 4.286,06 DM jährlich.

3.1.4.5. Bestimmung des optimalen Sollbestands

Das Grundmodell der optimalen Bestellmenge sowie seine Modifikation bei mengenabhängigen Einstandspreisen arbeiten mit der Prämisse, daß in einem definierten Planungshorizont jeweils die gleiche Bestellmenge realisiert wird und daß keine Fehlmengen auftreten.

Die nach dem Andler-Modell bzw. seiner Modifikation errechnete Bestellmenge ist daher für Bestellsysteme relevant, die mit einer gleichbleibenden Bestellmenge arbeiten und die Fehlmengenproblematik bei der Wahl des Bestellzeitpunkts berücksichtigen, d.h. für das Meldebestandssystem mit fester Bestellmenge und das Optionalsystem mit fester Bestellmenge (im Bestellrhythmussystem mit fester Bestellmenge ist theoretisch kein Sicherheitsbestand vorgesehen).

Bestellsysteme mit Lagerhöchstbestand (Sollbestand) zeichnen sich dadurch aus, daß die jeweilige Bestellmenge schwankt je nach dem verfügbaren Lagerbestand bei Überprüfung. Bestellt wird jeweils die Menge, die voraussichtlich erforderlich ist, um den Lagerbestand bei Eintreffen der Lieferung auf den definierten Lagerhöchstbestand aufzufüllen. Zur Errechnung der jeweiligen Bestellmenge muß in diesen Fällen daher der prognostizierte Bedarf in der Wiederbeschaffungszeit vom verfügbaren Lagerbestand subtrahiert werden.

Die Vorgehensweise der Bestimmung der jeweiligen Bestellmenge soll an einem Optionalsystem mit Höchstbestand demonstriert werden.

erwarteter Bedarf pro Tag: Kontrollintervall: Beschaffungszeit:	30 ME 8 Tage 10 Tage
Sollbestand Meldebestand	2.000 ME 500 ME
verfügbarer Lagerbestand zum Zeitpunkt der Überprüfung:	400 ME

Eine Bestellmenge von S - 400 ME = 1 600 ME würde mit großer Wahrscheinlichkeit nicht ausreichen, um bei Anlieferung der Bestellung einen Lageranfangsbestand von 2 000 ME zu erreichen. Entspricht der Bedarf in der Beschaffungszeit dem erwarteten, sinkt der Lagerbestand bis zum Lieferzeitpunkt auf 100 ME, der Lageranfangsbestand würde somit bei einer Bestellmenge von 1.600 ME nur 1.700 ME betragen.

Um den Soll-Lagerbestand nach Anlieferung durchschnittlich zu erreichen, muß die Bestellmenge errechnet werden als:

2.000 - (400-300) = 1.900

Der Sollbestand kann als "mittlerer geplanter Anfangsbestand" - sofern nicht kapazitative oder andere Überlegungen im Vordergrund stehen - so festgelegt werden, daß die jeweilige Bestellmenge im Durchschnitt der optimalen Bestellmenge entspricht. Der Lagerbestand unmittelbar vor Eintreffen der Lieferung ist im Durchschnitt gleich dem Sicherheitsbestand.

Sollbestand=	optimale Bestellmenge	+	Sicherheitsbestand für den Eindeckungszeitraum

Beispiel:

- Mittelwert des Bedarfs pro Woche: 50 ME
- Standardabweichung des Bedarfs pro Woche: 15 ME
- Einstandspreis: 12 DM je ME
- Bestellkosten: 150 DM je Bestellung
- Lagerkosten: 20% p.a. des durchschnittlichen Lagerwerts
- Lieferzeit des Lieferanten: 3 Wochen, deterministische interne Beschaffungszeit vernachlässigbar
- angestrebter Lieferbereitschaftsgrad: 92%

- Bestellsystem: Bestellpunktsystem mit Höchstbestand
- Auf der Basis des Jahresbedarfs (bei 50 Wochen pro Jahr) wird zunächst die optimale Bestellmenge ermittelt:

$$Q_{opt} = \sqrt{\frac{2*50*50*150}{12*0,2}} = 559$$

Der Sicherheitsbestand errechnet sich als:

$$SB = 1,41 * \sqrt{3 * 15^2} = 37$$

$$S = 559 + 37 = \underline{\underline{596}}$$

3.1.5. Bestellzeitpunktplanung

3.1.5.1. Die Bestimmung des Bestellrhythmus

Wie bereits in Abschnitt 3.1. erläutert wurde, wird in einem Bestellrhythmussystem jeweils nach Ablauf einer bestimmten Periode bestellt. Der Bestellrhythmus t kann sich nach einem Lieferrhythmus des Lieferanten richten oder nach eigenen Produktionsrhythmen.

Im folgenden wird dargestellt, wie man den **kostenoptimalen** Bestellrhythmus t ermittelt:

1. Schritt:

Ausgehend von einem als bekannt vorausgesetzten Jahresbedarf wird zunächst die optimale Bestellhäufigkeit errechnet. Hierzu kann das Grundmodell der Bestellmengenplanung verwendet werden.

2. Schritt:

Der optimale Bestellrhythmus ist der Zeitraum, für den die optimale Bestellmenge den Bedarf abdeckt bzw. der Quotient aus Zeiteinheiten pro Jahr und optimaler Bestellhäufigkeit.

Beispiel:

Jahresbedarf:	150.000 ME
Bestellkosten:	100,00 DM je Bestellung
Einstandspreis:	10,00 DM je ME, 9,80 DM je ME ab einer Bestellmenge von 20.000 ME
Lagerkostensatz:	12 % p.a. des Lagerwerts

1. Schritt:

Bestimmung der optimalen Bestellhäufigkeit

$$K = \frac{J}{Q} * BK + \frac{Q}{2} * EP * LHK$$

wobei J: Jahresbedarf
Q: Bestellmenge
EP: Einstandspreis
LHK: Lagerkostensatz pro Jahr in % des Lagerwerts

BK: Bestellkosten

Das Minimum dieser Kostenfunktion und damit die vorläufige optimale Bestellmenge Q_1 erhält man durch Differenzieren nach Q, durch Null-setzen der ersten Ableitung und Auflösen nach der Variablen Q:

$$Q_1 = \sqrt{\frac{2 * 150.000 * 100}{10 * 0,12}} = 5.000$$

Ein Vergleich der jährlichen Bestell-, Lager- und Materialeinstandskosten zeigt, ob sich die Inanspruchnahme des Mengenrabatts lohnt:

$$K(Q_1) = \frac{150.000}{5.000} * 100 + \frac{5.000}{2} * 10 * 0,12 + 150.000 * 10 = 1.506.000$$

$$K(Q_2) = \frac{150.000}{20.000} * 100 + \frac{20.000}{2} * 9,8 * 0,12 + 150.000 * 9,8 = 1.482.510$$

Die Rabattmindestmenge ist die optimale Bestellmenge; daraus ergibt sich die optimale Bestellhäufigkeit von 7,5mal pro Jahr.

2. Schritt:

Bestimmung des optimalen Bestellrhythmus

Wird das Jahr in 52 Kalenderwochen unterteilt, entspricht die optimale Bestellhäufigkeit von 7,5 pro Jahr einem Bestellintervall von ca. 7 Wochen:

$$\frac{52}{7,5} = 6,93$$

3.1.5.2. Die Bestimmung des Meldebestands

Im Gegensatz zum Bestellrhythmussystem sind beim Bestellpunkt- und Optionalsystem die Zeiträume zwischen zwei Bestellungen nicht immer gleich lang, sondern sind vom Lagerabgang abhängig. Eine Bestellung wird jeweils dann ausgelöst, wenn der Lagerbestand eine festgelegte Menge, die als Meldebestand oder Bestellpunkt bezeichnet wird, erreicht oder unterschritten hat.

Die Planungsaufgabe besteht darin, den Meldebestand so festzulegen, daß die Lieferbereitschaft des Lagers bei möglichst geringem Lagerbestand gewährleistet ist. Im Idealfall ist der Lagerbestand mit der letzten Materialentnahme unmittelbar vor Eintreffen der Lieferung auf Null abgesunken. Der Meldebestand muß - um diesen Idealfall zu realisieren - dem Bedarf im Eindeckungszeitraum (dem Zeitraum zwischen Erreichen des Meldebestands und Eintreffen der Bestellung im Lager) entsprechen.

Der Meldebestand ist demnach durch zwei Größen bestimmt:

- durch den Bedarf pro Zeiteinheit
- den Eindeckungszeitraum

Der Eindeckungszeitraum umfasst dabei die für Entscheidungen über Bestellmenge, Lieferantenwahl, Transportmittel etc. benötigte interne Beschaffungszeit, die Dauer der Auftragsübermittlung und die Lieferzeit des Lieferanten, Wareneingangslieferung, Einlagerung.

Sind der Bedarf pro Zeiteinheit **und** der Zeitraum bis zur Lieferung der Bestellung bekannt und sicher (deterministisch), ist der Meldebestand durch Multiplikation der beiden bekannten Größen zu bestimmen:

$$MB = B * EZ$$

MB: Meldebestand
B: Bedarf pro Zeiteinheit
EZ: Eindeckungszeitraum

Haben der Bedarf pro Zeiteinheit und/oder der Eindeckungszeitraum den Charakter von Zufallsvariablen, wird auch der Lagerbestand bei Eintreffen der Lieferung schwanken: unerwartet hoher Bedarf im Eindeckungszeitraum des Meldebestands läßt den Lagerbestand früher als erwartet auf Null absinken und Fehlmengen entstehen, unerwartet geringer Bedarf führt zu einem unerwünschten Lagerbestand bei Eintreffen der Lieferung.

Bei der Festlegung des Meldebestands tritt somit ein Konflikt zwischen den Zielen Sicherung der Lieferbereitschaft und Minimierung des Lagerbestands auf: Ein höherer Lieferbreitschaftsgrad kann erreicht werden, indem bereits bei einem höheren verfügbaren Lagerbestand bestellt wird. Dieser wird in vielen Fällen jedoch nicht angegriffen und erhöht den durchschnittlichen Lagerbestand.

Kann der Bedarf im Eindeckungszeitraum durch eine Normalverteilung beschrieben werden, wird bei einem Meldebestand in Höhe des mittleren Bedarfs im Eindeckungszeitraum M(BEZ) der Lagerbestand bei Eintreffen der Lieferung in 50% der Fälle größer/gleich null sein, in 50% der Fälle können Bedarfsmengen nicht befriedigt werden. Soll ein Lieferbereitschaftsgrad größer 50% gewährleistet werden, muß eine Bestellung früher ausgelöst werden. Dies wird im Bestellpunkt- und Optionalsystem dadurch erreicht, daß der Meldebestand als Summe aus mittlerem Bedarf im Eindeckungszeitraum und einem Sicherheitsbestand ermittelt wird:

$$MB = M(BEZ) + SB$$

MB: Meldebestand
M: Mittelwert
BEZ: Bedarf in Eindeckungszeiten

SB: Sicherheitsbestand

Die Höhe des Sicherheitsbestand ist von dem geforderten Lieferbereitschaftsgrad und der Standardabweichung des Bedarfs im Eindeckungszeitraum abhängig. Die Vorgehensweise und Probleme der Bestimmung des Sicherheitsbestands wurden in Abschnitt 3.1.3. erläutert.

3.2. Programmgesteuerte Beschaffungsdisposition

3.2.1. Bedarfsprognose

3.2.1.1. Vorgehen und Qualität der programmorientierten Bedarfsprognose

Im Gegensatz zur verbrauchsorientierten Bedarfsprognose basiert die programmorientierte Prognose auf Zukunftsinformationen:

Während die verbrauchsorientierte Prognose Zeitreihen der Vergangenheit in die Zukunft extrapoliert, **errechnet** die programmorientierte Prognose den zukünftigen Materialbedarf aus Absatz- und Produktionsplänen, indem das herzustellende Produkt in seine Einzelteile zerlegt wird. Dieser Vorgang wird als "Bedarfsauflösung" bezeichnet.

Arbeitsgrundlagen und Verfahren der programmorientierten Prognose richten sich nach der gewünschten Genauigkeit der Prognose. Zu unterscheiden ist dabei:

(1) Es wird ausschließlich eine mengenmäßige Bedarfsprognose für den Planungszeitraum gewünscht. Dieser "Periodenbedarf" kann als "Brutto/Gesamtbedarf" oder als um verfügbare Lagerbestände reduzierter "Nettobedarf" angegeben werden.

(2) Es wird eine mengenmäßige und terminliche Prognose gewünscht, die innerhalb des Planungszeitraums die benötigten Materialarten und -mengen zu genauen Einsatzterminen angibt. Auch dieser "terminierte Bedarf" kann als Brutto- und Nettobedarf angegeben werden.

Die Bedarfsauflösung mit dem Ziel der Bestimmung des mengenmäßigen Periodenbedarfs durchläuft 4 Stufen:

(1) Ausgangspunkt der Prognose ist der "Primärbedarf". Er bezeichnet die zu bestimmten Zeitpunkten oder im Planungszeitraum für den Absatzmarkt bereitzustellenden Enderzeugnisse und evtl. Zwischenprodukte, die als Ersatzteile benötigt werden oder eigenständige Absatzprodukte bilden.

Der Primärbedarf an Enderzeugnissen ist der Produktionsprogrammplanung zu entnehmen; der Primärbedarf an Zwischenerzeugnissen ergibt sich aus Aufträgen oder wird auf der Basis verbrauchsorientierter Verfahren prognostiziert.

(2) Die Zusammensetzung der Fertigprodukte und Bauteile wird aus Stücklisten/Rezepturen oder Teileverwendungsnachweisen entnommen.

Der Materialbedarf, der sich aus der Multiplikation des Primärbedarfs und den Angaben aus der Stückliste errechnen läßt, wird als Sekundärbedarf bezeichnet.

(3) Der "Bruttobedarf" an Baugruppen oder Einzelteilen und Rohstoffen wird errechnet, indem dem errechneten Sekundärbedarf ein evtl. "Zusatzbedarf" hinzuaddiert wird.

Zusatzbedarf kann dadurch entstehen, daß für das Bau- oder Einzelteil ein Primärbedarf vorliegt und wegen Ausschuß oder Schwund, der nicht in der Stückliste bzw. im Teileverwendungsnachweis berücksichtigt ist, ein zusätzlicher Bedarf zum errechneten Sekundärbedarf zu erwarten ist.

(4) Der "Nettobedarf" eines Bauteils ist der vor der Auflösung in tiefere Stufen um verfügbare Lagerbestände berichtigte Bruttobedarf.

  Primärbedarf an Enderzeugnissen
  Sekundärbedarf an Bauteilen und Einzelteilen
\+ Zusatzbedarf wegen Primärbedarf und Ausschuß/Schwund

= Gesamt-/ Bruttobedarf
\- verfügbare Lagerbestände

= Nettobedarf

Der errechnete Nettobedarf entspricht mengenmäßig dem zukünftigen tatsächlichen Bedarf, wenn

- das geplante Produktionsprogramm realisiert wird,
- der geplante "Zusatzbedarf" dem tatsächlichen zusätzlichen Bedarf durch Primärbedarf und Auschuß/Schwund entspricht.

Wegen der im Vergleich zur verbrauchsorientierten Prognose hohen Genauigkeit der programmorientierten Bedarfsvorhersage wird diese auch als deterministische Prognose bezeichnet.

Die Errechnung des terminierten Bedarfs berücksichtigt über die Bedarfsmengen der Bauteile und Einzelteile hinaus die in den verschiedenen Phasen des Produktionsprozesses benötigten Fertigungszeiten:

Ausgangspunkt der Überlegungen ist auch dabei der gewünschte Bereitstellungstermin der verkaufsfähigen Erzeugnisse, der Primärbedarf der gesamten Planungsperiode bzw. der einzelnen Teilperioden im Planungshorizont.

Ergibt die deterministische Prognose nur den mengenmäßigen Bedarf der Planungsperiode ohne Information über genaue Bedarfszeitpunkte, muß die Disposition die Bereitstellung des Materials zu Beginn der Planungsperiode sicherstellen, um eine reibungslose Fertigung zu ermöglichen.

Die Prognose des terminierten Bedarfs ermittelt neben den Bedarfsmengen jeweils die spätestmöglichen Bereitstellungstermine auf den verschiedenen Fertigungsstufen. Die Kenntnis genauer Bedarfszeitpunkte ermöglicht die lagerlose (just-in-time-) Bereitstellung des Materials.

3.2.1.2. Voraussezungen der programmorientierten Prognose

Die Kennzeichnung der programmgesteuerten Prognose macht bereits deutlich, daß nicht alle Beschaffungsobjekte einer solchen deterministischen Prognose unterzogen werden können. Die deterministische Prognose ist möglich

(1) für Beschaffungsobjekte, deren Bedarf unmittelbar von der Absatz- bzw. Produktionsmenge abhängig ist und in der Stückliste bzw. im Teileverwendungsnachweis enthalten ist.

Mit dieser Bedingung wird die deterministische Prognose auf Produktionsmaterial beschränkt; der Bedarf an Büro- oder Werbematerial beispielweise ist nicht unmittelbar von der Produktionsmenge oder Absatzmenge abhängig und kann daher nicht auf der Basis von Produktions- oder Absatzplänen prognostiziert werden.

Innerhalb des Produktionsmaterials gibt es Materialien, die wegen ihrer Geringwertigkeit nicht in die Stückliste/Teileverwendungsnachweise aufgenommen werden oder nicht aufgenommen werden können, da der Bedarf nicht pro Mengeneinheit des produzierten Erzeugnisses angegeben werden kann. Dabei handelt es sich in der Regel um den Bedarf an Betriebsstoffen und Hilfsstoffen, der in Zusammenhang mit der Bedarfsplanung als "Tertiärbedarf" bezeichnet wird.

(2) wenn eine Produktions- und Absatzplanung durchgeführt wird, deren Planungshorizont ausreicht, die Materialdisposition durchzuführen und wenn das geplante Produktionsprogramm mit hoher Wahrscheinlichkeit realisiert wird.

Die Bedarfsplanung muß so frühzeitig durchgeführt werden, daß die Beschaffungsdisposition die fristgerechte Bereitstellung mit der gewünschten Sicherheit garantieren kann. Der Zeitraum bis zum geplanten Einsatztermin muß demnach die für die übrigen Aufgaben der Beschaffungsdisposition wie Lieferantensuche und -auswahl, Bestellmengenwahl, Bestellung und Wareneingangskontrolle benötigte Zeit und die Lieferzeit des Lieferanten umfassen.

Liegen zum Zeitpunkt der Durchführung der Bedarfsprognose keine oder nur sehr vage Informationen über das Produktionsprogramm der Zukunft vor, ist eine deterministische Prognose nicht möglich oder ökonomisch nicht sinnvoll, da die errechneten Bedarfsmengen und -termine nur so genau sein können wie die zugrundeliegenden Informationen der Produktionsplanung eingehalten werden. Bei fehlender oder vager Produktionsplanung wird die Qualität der Bedarfsprognose deshalb trotz hohen Aufwandes gering sein. In diesem Falle wäre eine vorgetäuschte Genauigkeit gefährlicher als die Ungenauigkeit der verbrauchsorientierten Prognose, die jedoch bewußt ist.

3.2.1.3. Inhalt und Darstellungsformen von Stücklisten und Teileverwendungsnachweisen

Stücklisten und Teileverwendungsnachweise sind Hilfsmittel bei der Errechnung des Sekundärbedarfs aus dem Primärbedarf. Sie können unterschiedlichen Inhalt und Darstellungsformen aufweisen, deren Eignung von der gewünschten Genauigkeit und der aktuellen Fragestellung der Bedarfsprognose abhängig ist:

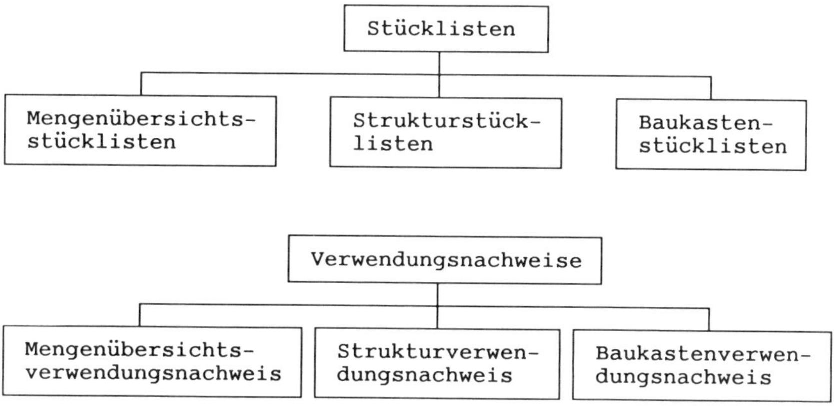

Abb. 36: Arten und Darstellungsformen der Stücklisten und Teileverwendungsnachweise

Stücklisten liefern Informationen über Art und Menge der in ein Fertig- oder Zwischenerzeugnis eingehenden eigengefertigten Baugruppen, fremdbezogenen Teile und Rohstoffe.

Nach Art und Umfang der enthaltenen Informationen lassen sich drei Grundformen der Stücklisten unterscheiden:

- Mengenübersichtsstückliste
- Strukturstückliste
- Baukastenstückliste

(1) Mengenübersichtsstückliste

Die Mengenübersichtsstückliste ist ein Verzeichnis **aller** in ein Fertigerzeugnis eingehenden Baugruppen und Einzelteile mit Angaben über insgesamt für eine Mengeneinheit des Enderzeugnisses benötigte Mengen.

Aus der Mengenübersichtsstückliste geht nicht hervor, **wie** die verschiedenen Baugruppen und Einzelteile in das Enderzeugnis eingehen.

Die Ausführungen zur Vorgehensweise der Bedarfsauflösung werden zeigen, daß die Verwendung der Mengenübersichtsstückliste nicht möglich ist,

- wenn eine mengenmäßige **und** terminliche Prognose gewünscht wird und/oder
- wenn Zwischenprodukte zugleich Absatzprodukte sind und in einer Planungsperiode Zusatzbedarf durch Primärbedarf dieser Zwischenprodukte erwartet wird.

Die Mengenübersichtsstückliste wird entweder als Tabelle (wenn ein einzelnes Produkt betrachtet wird) oder als Zeile einer Mengenübersichtsmatrix (wenn ein Produktionsprogramm betrachtet wird) dargestellt:

Ein Fertigprodukt X setzt sich aus 2 mit Großbuchstaben bezeichneten Bauteilen und 4 mit Kleinbuchstaben bezeichneten Einzelteilen zusammen:

benötigtes Vorprodukt	für eine Mengeneinheit von X benötigte Menge
A	2
B	11
a	6
b	10
c	44
d	55

Das Erzeugnis Y weist folgende Mengenübersichtsstückliste auf:

benötigtes Vorprodukt	für eine Mengeneinheit von Y benötigte Menge
A	5
B	17
C	1
a	15
c	78
d	85
e	20

In einer Mengenübersichtsmatrix erscheint X gemeinsam mit dem Erzeugnis Y:

	X	Y	A	B	C	a	b	c	d	e
X	1	-	2	11	-	6	10	44	55	-
Y	-	1	5	17	1	15	-	78	85	20

(2) Strukturstückliste

Die Strukturstückliste zeigt sämtliche in einem Endprodukt benötigten Baugruppen und Einzelteile entsprechend ihrem konstruktiven und fertigungstechnischen Zusammenhang auf. Mit der Strukturstückliste ist es möglich, den mengenmäßigen Materialbedarf einer Periode anzugeben **und** detaillierte Angaben über Bedarfszeitpunkte innerhalb des Planungshorizonts zu machen.

Die Strukturstückliste wird graphisch als Strukturbaum oder GOZINTO-Graph oder als Tabelle dargestellt:

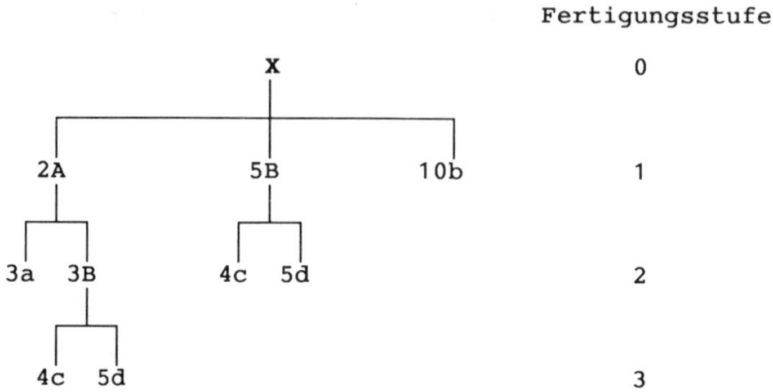

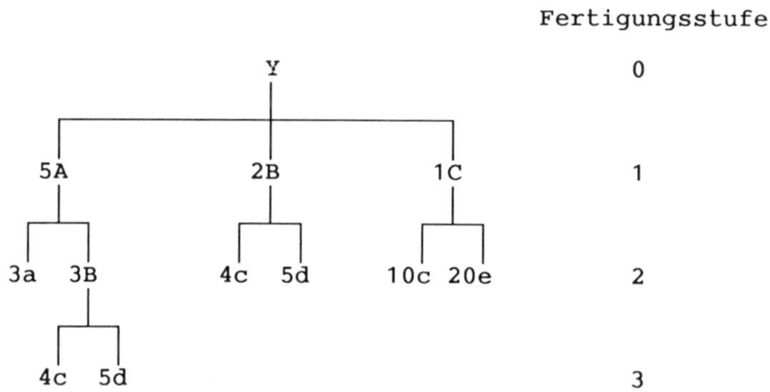

Der nach Fertigungsstufen gegliederte Strukturbaum des Erzeugnisses X zeigt, daß die Baugruppe B sowie die Teile c und d jeweils an zwei Stellen des Fertigungsprozesses benötigt werden. Je nach Fertigungszeit, die auf den verschiedenen Fertigungsstufen benötigt wird, ergeben sich hieraus mehr oder weniger weit auseinanderliegende Bedarfszeitpunkte.

Die Darstellung als GOZINTO-Graph verwendet zur Beschreibung der Erzeugnisstruktur Kreise, die durch Pfeile zu einem Netzwerk verbunden werden. Die Kreise tragen die Bezeichnung der Bauelemente, die Pfeile geben die Richtung an, in der die Elemente in die nächste Baustufe eingehen. Die Mengenangaben sind durch Zahlen an den Pfeilen im Netzwerk dargestellt.

Der Unterschied zwischen der graphischen Darstellung als Strukturbaum und GOZINTO-Graph besteht darin, daß in der ersten Darstellungsform jedes Teil so oft aufgeführt werden muß, wie es im Erzeugnis vorkommt. Im GOZINTO-Graph wird dagegen jedes Teil nur einmal aufgeführt. Die mehrfache Verwendnung eines Teils im gleichen Erzeugnis wird hier durch die Anzahl Pfeile dargestellt, die von ihm ausgehen.

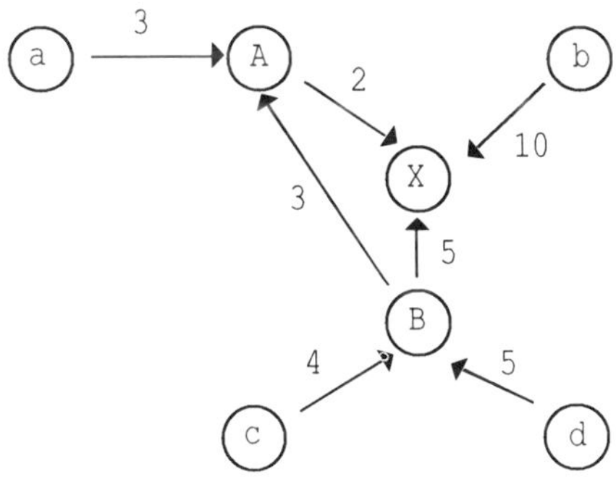

Die als Tabelle dargestellte Strukturstückliste kennzeichnet durch Pfeile, in welches Zwischenerzeugnis ein Bau- bzw. Einzelteil eingeht und welche Menge zur Fertigung eines übergeordneten Zwischenerzeugnisses benötigt wird:

benötigte Vorprodukte für 1 X	benötigte Menge
b	10
B	5
A	2
a ———>	3
B ———>	3
c ———>	4
d ———>	5

Während die Mengenübersichtsstückliste in "vollständiger Mengenführung" dargestellt wird, gibt die Strukturstückliste jeweils die für die entsprechende Stücklistenposition benötigte Menge an. Dieser Unterschied wird deutlich, wenn man die Mengenangaben der Baugruppe B und der Teile a, c und d vergleicht.

Mengenübersichts- und Strukturstückliste werden je nach gewünschter Qualität der Bedarfsprognose als Grundlage geeignet sein.

Wird eine auf die Prognose von Bedarfsmengen beschränkte Prognose für einen Planungszeitraum vorgenommen, bildet die Mengenübersichtsstückliste bzw. -matrix die am wenigsten Aufwand bereitende Informationsgrundlage; sollen dagegen detailliertere Angaben über Bedarfszeitpunkte gemacht werden, muß auf die Strukturstückliste zurückgegriffen werden.

(3) Baukastenstückliste

Die Baukastenstückliste enthält nur die Zwischenerzeugnisse und/oder Einzelteile, die für die Herstellung einer übergeordneten Baugruppe unmittelbar benötigt werden. Die Baukastenstückliste bietet Vorteile bei der Speicherung des Aufbaus der Erzeugnisse, beim Änderungsdienst und bei der Bedarfsauflösung, wenn verschiedene Bauteile in mehreren Enderzeugnissen verwendet werden.

Die Baukastenstücklisten für Erzeugnis X haben folgendes Aussehen:

benötigte Vorprodukte	benötigte Menge für 1 X
A	2
B	5
b	10

benötigte Vorprodukte	benötigte Menge für 1 A
B	3
a	3

benötigte Vorprodukte	benötigte Menge für 1 B
c	4
d	5

Die Baukastenstückliste für Y hat folgendes Aussehen:

benötigte Vorprodukte	benötigte Menge für 1 Y
A	5
B	2
C	1

Die Zusammensetzung der Bauteile A und B kann den entsprechenden Baukastenstücklisten entnommen werden.

Baugruppe C weist folgende Baukastenstückliste auf:

benötigte Vorprodukte	benötigte Menge für 1 C
c	10
e	20

Während einer Stückliste entnommen werden kann, welche Materialarten in welchen Mengen zur Fertigung eines übergeordneten Teils benötigt werden, geht der **Teileverwendungsnachweis** von einem bestimmten Material aus und stellt dar, in welchen Zwischen- und Fertigerzeugnissen es in welchen Mengen eingesetzt wird.

Analog zu den Grundformen der Stücklisten können Teileverwendungsnachweise als Mengenübersichts-,Struktur- und Baukastenteileverwendungsnachweis erstellt werden.

Stücklisten und Teileverwendungsnachweise weisen bezüglich der Qualität der Bedarfsprognose keine Unterschiede auf.

Die unterschiedliche Eignung von Stücklisten bzw. Teileverwendungsnachweisen ergibt sich vielmehr aus der aktuellen Fragestellung der Bedarfsprognose:

- Soll für einen Planungszeitraum der gesamte Materialbedarf prognostiziert werden sind beide Informationsgrundlagen geeignet.
- Soll für einen Planungszeitraum der Bedarf eines bestimmten Materials oder eines Teils des Beschaffungsprogramms prognostiziert werden - beispielsweise zur Vorbereitung von langfristigen Lieferverträgen - ist der Teileverwendungsnachweis geeigneter.

3.2.1.4. Verfahren der programmorientierten Diagnose

Die Verfahren zur Berechnung des Periodenbedarfs aus einem gegebenen Primärbedarf unterscheiden sich durch die verwendete Informationsgrundlage über die Zusammensetzung der Erzeugnisse und durch die Reihenfolge der Arbeitsgänge. Sie liefern bei der Prognose des terminierten Bedarfs u.U. unterschiedlich präzise Ergebnisse.

In Abhängigkeit, ob der Bedarfsauflösung Stücklisten oder Teileverwendungsnachweise zugrundegelegt werden, werden analytische und synthetische Verfahren unterschieden.

Die analytische Bedarfsauflösung geht vom Primärbedarf und den zugehörigen Stücklisten aus. Sie zerlegt das einzelne Fertig- bzw. Zwischenprodukt in die benötigten Bau- und Einzelteile.

Die synthetische Bedarfsauflösung basiert dagegen auf dem Primärbedarf und den Teileverwendungsnachweisen. Sie stellt die Frage, welche Materialarten aus dem Beschaffungsprogramm für das geplante Produktionsprogramm benötigt werden.

Die beiden Verfahren führen zum gleichen Ergebnis. In beiden Fällen wird der Sekundärbedarf durch Multiplikation des Primärbedarfs mit den Angaben der Stückliste bzw. des Teileverwendungsnachweises errechnet. Im folgenden wird nur die analytische Bedarfsauflösung gezeigt, da diese in der Praxis häufiger eingesetzt wird.

Die Vorgehensweise der analytischen Bedarfsauflösung unterscheidet sich danach, ob (nur) der Periodenbedarf oder der terminierte Bedarf ermittelt werden soll und ob mit Mengenübersichts- und Baukastenstücklisten oder mit Strukturstücklisten gearbeitet wird.

(1) Die analytische Bedarfsauflösung auf Basis von Mengenübersichtsstücklisten errechnet den Sekundärbedarf durch einfache Multiplikation des Primärbedarfs mit den Angaben der Stücklisten. Die Mengenübersichtsstücklisten sind als Informationsgrundlage der Bedarfsauflösung jedoch nur ausreichend,

- wenn kein Zusatzbedarf wegen Ausschuß oder Primärbedarf an Baugruppen zu berücksichtigen ist
- wenn (nur) der Periodenbedarf zu bestimmen ist.

(2) Basiert die analytische Bedarfsauflösung auf Strukturstücklisten werden in Abhängigkeit von der Vorgehensweise der Berücksichtigung von Zusatzbedarf und Lagerbeständen und dem Zeitpunkt der Auflösung von mehrfach verwendeten Bauteilen das Fertigungsstufen- und das Dispositionsstufenverfahren unterschieden.

a) Fertigungsstufenverfahren:

Grundlage der Bedarfsauflösung ist die nach Fertigungsstufen gegliederte Strukturstückliste. Ausgehend von der Fertigungsstufe 0 wird jeweils der Brutto- oder Netto-Gesamtbedarf aller Bauteile und Einzelteile der Fertigungsstufe errechnet.

Wird ein Bauteil oder Einzelteil im Laufe des Fertigungsprozesses mehrfach verwendet, muß bei der Bedarfsauflösung auf den höheren Fertigungsstufen jeweils beachtet werden, daß ein eventueller Lagerbestand und Primärbedarf bereits berücksichtigt wurde. Der Gesamtbedarf eines mehrfach verwendeten Bau- oder Einzelteils muß durch Addition der Gesamtbedarfe auf den Fertigungsstufen ermittelt werden.

b) Dispositionsstufenverfahren:

Grundlage der Bedarfsauflösung ist die nach Dispositionsstufen gegliederte Strukturstückliste. Als Dispositionsstufe wird die Fertigungsstufe bezeichnet, auf der ein Bauteil oder Einzelteil im Fertigungsablauf erstmals benötigt wird.

Die Auflösung der Baugruppen in ihre Bestandteile sowie die Berücksichtigung von Primärbedarf und Lagerbeständen erfolgt auf der Fertigungsstufe, auf der das entsprechende Teil erstmals gebraucht wird. Da die Bedarfsauflösung in entgegengesetzter Richtung des Fertigungsablaufs erfolgt, bedeutet dies für die Vorgehensweise, daß die Bedarfsauflösung der Bauteile und die Errechnung des Gesamtbedarfs bis zur entsprechenden Dispositionsstufe verschoben wird. Das Dispositionsstufenverfahren hat den Vorteil, daß mehrfach verwendete Bauteile nur einmal in ihre Bestandteile aufgelöst werden müssen und daß der Gesamtbedarf an einer Stelle errechnet wird.

3.2.1.5. Bedarfsauflösung zur Bestimmung des Periodenbedarfs

Die Vorgehensweise der analytischen Bedarfsauflösung auf der Grundlage der Mengenübersichts- und Baukastenstücklisten einerseits und den Strukturstücklisten andererseits soll anhand der Fertigprodukte X und Y und einem gegebenen Primärbedarf demonstriert werden:

Im Planungszeitraum sollen 250 ME von X und 200 ME von Y produziert werden. Darüber hinaus wird mit einer Nachfrage nach den Bauteilen A in Höhe von 50 ME und nach B in Höhe von 25 ME gerechnet.

Bei analytischer Bedarfsauflösung wird der Sekundärbedarf durch Multiplikation des Primärbedarfs X bzw. Y mit der zugehörigen Stückliste errechnet. Die Mengenübersichtsstückliste ist für diese

Situation nicht ausreichend; sie macht keine Angaben über den Materialbedarf für die Bauteile A und B. Bei Verwendung der Mengenübersichtsstückliste muß der sich aus dem Zusatzbedarf ergebende Sekundärbedarf gesondert ermittelt werden. Hierzu sind die entsprechenden Baukastenstücklisten am besten geeignet.

Mengenübersichtsstückliste		* Primärbedarf	= Sekundärbedarf aus X
A	2	* 250	500
B	11	* 250	2.750
a	6	* 250	1.500
b	10	* 250	2.500
c	44	* 250	11.000
d	55	* 250	13.750

Mengenübersichtsstückliste		* Primärbedarf	= Sekundärbedarf aus Y
A	5	* 200	1.000
B	17	* 200	3.400
C	1	* 200	200
a	15	* 200	3.000
c	78	* 200	15.600
d	85	* 200	17.000
e	20	* 200	4.000

Baukastenstückl.		* Zusatzbed. A	= Sekundärbedarf aus A
B	3	* 50	150
a	3	* 50	150

Zur Bestimmung des Sekundärbedarfs aus B ist nicht nur der Zusatzbedarf B sondern auch der aus dem Zusatzbedarf A resultierende Sekundärbedarf B (150 + 25 ME) zugrundezulegen:

Baukastenstückliste B		* Zusatzbed. B	= Sekundärbedarf aus B
c	4	* 175	700
d	5	* 175	875

Der Gesamt-Bruttobedarf der Planungsperiode summiert sich zu:

A:	500	+ 1.000	+ 50		= 1.550
B:	2.750	+ 3.400	+ 150	+ 25	= 6.325
C:	200				= 200
a:	1.500	+ 3.000	+ 150		= 4.650
b:	2.500				= 2.500
c:	11.000	+ 15.600	+ 700		= 27.300
d:	13.750	+ 17.000	+ 875		= 31.625
e:	4.000				= 4.000

Auf der Basis der Strukturstückliste, die den Materialbedarf jeweils für eine Mengeneinheit des übergeordneten Zwischen- oder Endproduktes angibt, kann die Vorgehensweise des Fertigungsstufenverfahrens oder des Dispositionsstufenverfahrens gewählt werden:

Die Strukturbäume der Produkte X und Y sind bereits bekannt:

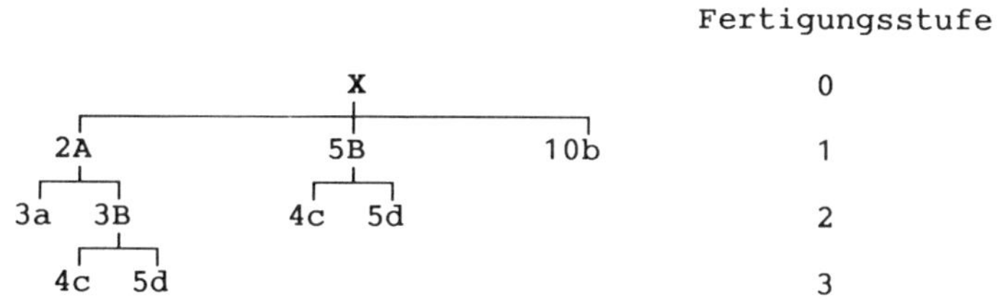

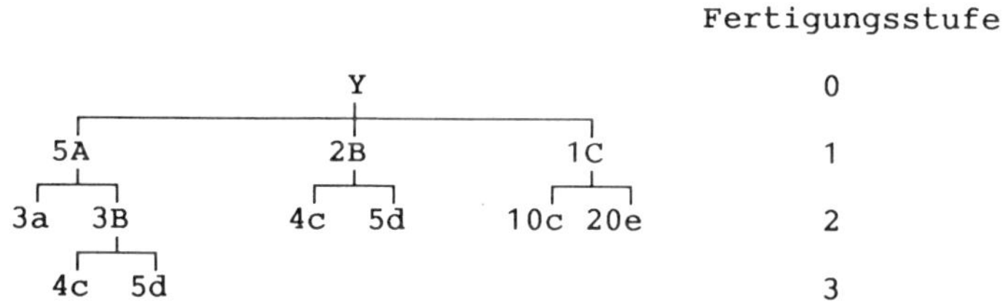

Fertigungsstufe 0:	
Primärbedarf X	250
Primärbedarf Y	200

Fertigungsstufe 1:	
Sekundärbedarf A aus X	500
+ Sekundärbedarf A aus Y	1.000
+ Primärbedarf A	50
= Gesamtbedarf A Stufe 1	1.550
Sekundärbedarf B aus X	1.250
Sekundärbedarf C aus Y	400
+ Primärbedarf B	25
= Gesamtbedarf B Stufe 1	1.675
Sekundärbedarf b aus X	2.500
Sekundärbedarf C aus Y	200

Fertigungsstufe 2:	
Sekundärbedarf a aus A	4.650
Sekundärbedarf B aus A	4.650
Sekundärbedarf c aus B	6.700
Sekundärbedarf d aus B	8.375
Sekundärbedarf c aus C	2.000
Sekundärbedarf e aus C	4.000

Fertigungsstufe 3:	
Sekundärbedarf c aus B	18.600
Sekundärbedarf d aus B	23.250

Brutto-Periodenbedarf:		
X:		250
Y:		200
A:		1.550
B:	1.675 + 4.650	= 6.325
C:		200
a:		4.650
b:		2.500
c:	6.700 + 2.000 + 18.600	= 27.300
d:	8.375 + 23.250	= 31.625
e:		4.000

Beim Dispositionsstufenverfahren werden zunächst die Strukturbäume nach Dispositionsstufen dargestellt:

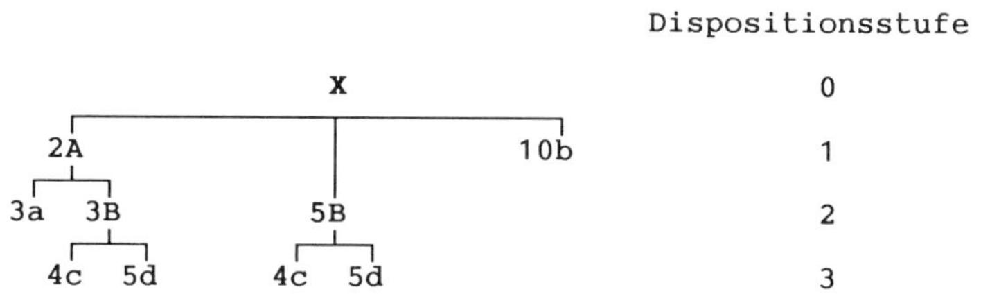

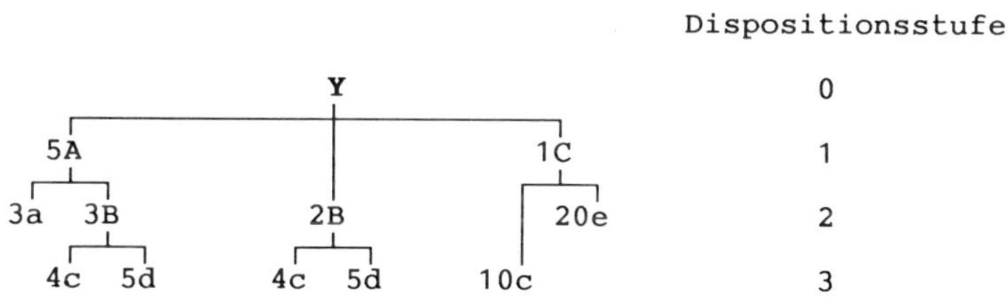

Dispositionsstufe 0:	
Primärbedarf X	250
Primärbedarf Y	200

Dispositionsstufe 1:	
Sekundärbedarf A aus X	500
+ Sekundärbedarf A aus Y	1.000
+ Primärbedarf A	50
= Gesamtbedarf A Stufe 1	1.550
Sekundärbedarf b aus X	2.500
Sekundärbedarf C aus Y	200

Dispositionsstufe 2:	
Sekundärbedarf a aus A	4.650
Sekundärbedarf B aus X	1.250
+ Sekundärbedarf B aus Y	400
+ Sekundärbedarf B aus A	4.650
+ Primärbedarf B	25
= Gesamtbedarf B Stufe 2	6.325
Sekundärbedarf aus C	4.000

Dispositionsstufe 3:	
Sekundärbedarf c aus B	25.300
Sekundärbedarf c aus C	2.000
= Gesamtbedarf c Stufe 3	27.300
Sekundärbedarf d aus B	31.625

Brutto-Periodenbedarf:	
X:	250
Y:	200
A:	1.550
B:	6.325
C:	200
a:	4.650
b:	2.500
c:	27.300
d:	31.625
e:	4.000

3.2.1.6. Bedarfsauflösung zur Bestimmung des terminierten Bedarfs

Der Sekundärbedarf einer niedrigeren Fertigungsstufe muß bereitstehen, ehe die Produktion oder Montage der höheren Fertigungsstufe beginnt. Zugleich ist die Beschaffung bemüht, die erforderlichen Materialien nicht früher als benötigt oder unter Kostengesichtspunkten sinnvoll bereitzustellen. Beschränkt sich die Bedarfsprognose auf die Bestimmung von Bedarfsmengen für die gesamte Planungsperiode, muß die Beschaffung für eine Bereitstellung zu Beginn der Planungsperiode sorgen, um die Lieferbereitschaft zu sichern. Sind dagegen Bedarfsmengen und -zeitpunkte innerhalb des Planungshorizontes bekannt, kann geprüft werden, ob eine Bereitstellung zum Bedarfszeitpunkt zur Einsparung von Lagerkosten in Anbetracht zusätzlich anfallender Bestellkosten sinnvoll ist. Die Bestimmung von möglichst präzisen Bedarfszeitpunkten ist - wie bereits erläutert - eine unabdingbare Voraussetzung für einsatzsynchrone Anlieferung.

Ausgehend von den Bedarfszeitpunkten des Primärbedarfs werden die auf den niedrigeren Stufen ermittelten Sekundärbedarfsmengen jeweils um eine "Vorlaufzeit" in Richtung Gegenwart verschoben.

Als Vorlaufzeit kann die für die Fertigung einer Baugruppe benötigte Durchlaufzeit oder die durchschnittliche Fertigungszeit von Fertigungsstufen bzw. von Dispositionsstufen angesetzt werden. Im allgemeinen wird die Vorlaufverschiebung in Zeiteinheiten angegeben, in denen auch die Bedarfsperioden gemessen werden. Die Genauigkeit der Angabe der Vorlaufzeit entscheidet über die Qualität der Prognose von Bedarfszeitpunkten.

Die Vorgehensweise der Bedarfsauflösung zur Bestimmung des terminierten Sekundärbedarfs wird im folgenden an einem Beispiel erläutert. Dabei werden die bereits bekannten Produkte X und Y mit ihren Strukturbäumen zugrundegelegt:

Der gegenwärtige Zeitpunkt sei Woche 20. Der Planungshorizont der Bedarfsprognose sei der Zeitraum Woche 30 bis Woche 40. Die Produktions- und Absatzplanung ergibt die folgenden Primärbedarfsmengen, die jeweils zu Beginn der Woche bereitstehen sollen:

Woche	30	31	32	33	34	35	36	37	38	39	40
Bedarf X	10	15	15	20	10	15	20	15	10	25	20
Bedarf Y	5	6	8	10	10	12	5	6	8	10	12
Bedarf A	20	5	25	10	20	30	20	5	5	10	15
Bedarf B	5	5	5	5	5	5	5	5	5	5	5

Vorlaufzeiten:		
Produkt X:	Fertigungsstufe 1:	2 Wochen
	Fertigungsstufe 2:	1 Woche
	Fertigungsstufe 3:	1 Woche
Produkt Y:	Fertigungsstufe 1:	1 Woche
	Fertigungsstufe 2:	1 Woche
	Fertigungsstufe 3:	1 Woche

Die Produktion bzw. Montage des Produktes X aus den Baugruppen A und B und dem Einzelteil b erfordert insgesamt eine Zeit von 2 Wochen. Soll das Endprodukt zu Beginn der Woche 30 zur Verfügung stehen, müssen die entsprechenden Sekundärbedarfsmengen der Baugruppen und des Einzelteils zu Beginn der Woche 28 zur Verfügung stehen. Entsprechend werden die Bedarfszeitpunkte der übrigen sich den Primärbedarfsmengen und -zeitpunkten ergebenden Sekundärbedarfsmengen und -zeitpunkte ermittelt.

Die Vorgehensweise des Fertigungsstufenverfahren wird in der folgenden Tabelle deutlich.

Fertigungsstufenverfahren

Teilperiode	26	27	28	29	30	31	32	33	34	35	36	37	38	39	40
Stufe 0															
Primär X					10	15	15	20	10	15	20	15	10	25	20
Primär Y					5	6	8	10	10	12	5	6	8	10	12
Stufe 1															
Sek. A aus X			20	30	30	40	20	30	40	30	20	50	40	-	-
Sek. A aus Y				25	30	40	50	50	60	25	30	40	50	60	-
+ Primär A					20	5	25	10	20	30	20	5	5	10	15
= Gesamt A			20	55	80	85	95	90	120	85	70	95	95	70	15
Sek. B aus X			50	75	75	100	50	75	100	75	50	125	100	-	-
Sek. B aus Y				10	12	16	20	20	24	10	12	16	20	24	-
+ Primär B					5	5	5	5	5	5	5	5	5	5	5
= Gesamt B			50	85	92	121	75	100	129	90	67	146	125	29	5
Sek. b aus X			100	150	150	200	100	150	200	150	100	250	200	-	-
Sek. C aus Y				5	6	8	10	10	12	5	6	8	10	12	-
Stufe 2															
Sek. a aus A		60	165	240	255	285	270	360	255	210	285	285	210	45	-
Sek. B aus A		60	165	240	255	285	270	360	255	210	285	285	210	45	-
Sek. c aus B		200	340	368	484	300	400	516	360	268	584	500	116	20	-
Sek. d aus B		250	425	460	605	375	500	645	450	335	730	625	145	25	-
Sek. c aus C			50	60	80	100	100	120	50	60	80	100	120	-	-
Sek. e aus C			100	120	160	200	200	240	100	120	160	200	240	-	-
Stufe 3															
Sek. c aus B	240	660	960	1020	1140	1080	1440	1020	840	1140	1140	840	180	-	-
Sek. d aus B	300	825	1200	1275	1425	1350	1800	1275	1050	1425	1425	1050	225	-	-

Terminierter Bruttobedarf

	26	27	28	29	30	31	32	33	34	35	36	37	38	39	40	Σ
X					10	15	15	20	10	15	20	15	10	25	20	175
Y					5	6	8	10	10	12	5	6	8	10	12	92
A			20	55	80	85	95	90	120	85	70	95	95	70	15	975
B		60	215	325	347	406	345	460	384	300	352	431	335	74	5	4039
C				5	6	8	10	10	12	5	6	8	10	12	-	92
a		60	165	240	255	285	270	360	255	210	285	285	210	45	-	2925
b			100	150	150	200	100	150	200	150	100	250	200	-	-	1750
c	240	860	1350	1448	1704	1480	1940	1656	1250	1468	1804	1440	416	20	-	17076
d	300	1075	1625	1735	2030	1725	2300	1920	1500	1760	2155	1675	370	25	-	20195

Die Vorgehensweise des Dispositionsstufenverfahrens unterscheidet sich im Ergebnis nicht vom Fertigungsstufenverfahren, wenn bei der Errechnung des Sekundärbedarfs zugleich berücksichtigt wird, auf welcher Fertigungsstufe das Teil benötigt wird. In diesem Falle unterscheidet sich das Dispositionsstufenverfahren nur insofern vom Fertigungsstufenverfahren, daß es die Auflösung des Bedarfs mehrfach verwendeter Teile bis zur entsprechenden Dispositionsstufe verschiebt.

3.2.2. Bestellmengenplanung

3.2.2.1. Charakterisierung der dynamischen deterministischen Bestellmengenmodelle

Die im folgenden dargestellten Modelle der Bestellmengenplanung sind den deterministischen Modellen zuzuordnen: Bedarfsmengen der Teilperioden und die Wiederbeschaffungszeit werden als bekannt vorausgesetzt.

Im Unterschied zu den statischen Verfahren der Bestellmengenplanung sind die Modelle in der Lage, **schwankenden** Bedarf der Teilperioden zu verarbeiten. Damit sind diese Modelle der Entscheidungssituation, wie sie bei programmorientierter Bedarfsplanung vorliegt, besser angepasst als die stationären Modelle.

Im Gegensatz zu den bereits dargestellten statischen Verfahren, die nach der optimalen Aufteilung eines gegebenen Periodenbedarfs in gleich hohe Bestellmengen suchen, wird in den dynamischen Modellen die kostenminimale Zusammenfassung von Teilperiodenbedarfen zu Bestellmengen gesucht.

Die Prämissen der dynamischen deterministischen Modelle entsprechen zum Teil denen der statischen Modelle:

- die relevanten Kosten sind bekannt und bleiben im Planungszeitraum unverändert
- Mengenrabatte werden nicht berücksichtigt und Fehlmengen nicht zugelassen
- für die Beschaffung und Bereitstellung stehen genügend finanzielle Mittel und Lagerraum zur Verfügung
- die Bedarfe der Teilperioden sind bekannt;
- die Bedarfsmengen müssen zu Beginn der Bedarfsperiode vorhanden sein
- die bestellte Menge wird zu einem Zeitpunkt geliefert, d.h. es erfolgt keine Berücksichtigung von Teillieferungen
- die Lieferungen treffen zu Beginn der Teilperioden ein, bei denen der Lagerbestand auf 0 abgesunken ist
- innerhalb der Teilperiode wird ein kontinuierlicher Lagerabgang angenommen.

- unterschiedlich hohe Bedarfsmengen der Teilperioden können berücksichtigt werden.

3.2.2.2. Kostenausgleichsverfahren

Das Kostenausgleichsverfahren zählt zu den einfachen Heuristiken der dynamischen Bestellmengenplanung.

Als Entscheidungskriterium legt es eine aus dem Grundmodell der statischen Bestellmengenplanung bekannte Eigenschaft des Optimums zugrunde:

Die optimale Bestellmenge ist dadurch gekennzeichnet, daß Bestell- und Lagerkosten gleich hoch sind.

Im Rahmen einer Vorwärtsrechnung werden schrittweise Bedarfsmengen zu Bestellmengen zusammengefasst. Die optimale Bestellmenge ist gefunden, wenn die Bestell- und die kumulierten Lagerkosten der Bedarfsmengen (annähernd) gleich hoch sind.

Dem Modell werden folgende Prämissen zugrunde gelegt:

- der Einstandspreis ist von der Bestellmenge unabhängig, d.h. die Materialeinstandskosten sind daher nicht relevante Kosten
- der Lagerabgang <u>innerhalb</u> der Teilperiode ist kontinuierlich
- die Bedarfsmenge muß jeweils zu Beginn der Bedarfsperiode zur Verfügung stehen
- die Bestell- und Liefermengen sind jeweils gleich hoch, d.h. es werden keine Teillieferungen berücksichtigt

Der Lagerkostensatz wird im Gegensatz zum Grundmodell der stationären Bestellmengenplanung nicht als Prozentsatz des durchschnittlichen Lagerwerts sondern als Lagerkosten pro Mengeneinheit und Periode Lagerdauer angegeben. Die Umrechnung bereitet jedoch keine Probleme:

1 ME eines Materials mit Einstandspreis 100.- verursacht bei einem Lagerkostensatz von 20% p.a. des Lagerwerts jährliche Lagerkosten von 20.- DM. 20% des Lagerwerts p.a. entsprechen bei 50 Wochen p.a. einem Lagerkostensatz von 0,4 % des Lagerwerts pro Woche, das entspricht bei einem Einstandspreis von 100.- einem Lagerkostensatz je ME und Woche von 0,40 DM.

Als minimale Bestellmenge gilt jeweils der Bedarf einer Teilperiode. Als alternative Bestellmengen werden verglichen:

Bedarfsmenge 1
Bedarfsmengen 1-2
Bedarfsmengen 1-3
Bedarfsmengen 1-4 usw.

Die erste optimale Bestellmenge der Planungsperiode ist gefunden, wenn die Bestellkosten den kumulierten Lagerkosten der Bedarfsmengen (annähernd) entsprechen.

Die zweite optimale Bestellmenge der Planungsperiode wird in einem zweiten Durchgang des Rechenverfahrens gefunden. Die nächste, in die erste Bestellmenge nicht mehr einbezogene Bedarfsmenge bildet den Ausgangspunkt für den zweiten Durchgang.

Die Vorgehensweise des Kostenausgleichverfahrens soll an einem Beispiel demonstriert werden, für das folgende Annahmen gelten:

Die programmorientierte Bedarfsplanung hat für den Planungshorizont von 10 Wochen die folgenden Bedarfsmengen ermittelt:

Teilperiode	1	2	3	4	5	6	7	8	9	10
Bedarf	60	70	80	90	30	70	50	100	40	60

Bestellkosten: 60 DM pro Bestellung
Lagerkosten: 0,20 DM pro ME und Woche

Periode i	Bedarf in Periode i	Bestell-menge	Lagerkosten des Bedarfs in Periode i	kumulierte Lagerkosten der Bestell-menge	Bestell-kosten
1	60	60	60*0,5*0,2= 6	6	60
2	70	130	70*1,5*0,2= 21	27	60
3	80	210	80*2,5*0,2= 40	67	60
4	90	300	90*3,5*0,2= 63	130	60
4	90	90	90*0,5*0,2= 9	9	60
5	30	120	30*1,5*0,2= 9	18	60
6	70	190	70*2,5*0,2= 35	53	60
7	50	240	50*3,5*0,2= 35	88	60
7	50	50	50*0,5*0,2= 5	5	60
8	100	150	00*1,5*0,2= 30	30	60
9	40	190	40*2,5*0,2= 20	55	60
10	60	250	60*3,5*0,2= 42	97	60

Die der Berechnung der kumulierten Lagerkosten zugrundeliegenden Überlegungen sollen am Beispiel der Bedarfs- und Bestellmenge 2 erläutert werden:

Wird der Bedarf der Teilperiode 2 bereits mit dem Bedarf der Periode 1 bereitgestellt, liegt der Bedarf der Periode 2 die gesamte Periode 1 und zudem - bei kontinuierlichem Lagerabgang in der Teilperiode - o,5 Perioden an Lager. Die Lagerkosten einer Bestellmenge, die die Bedarfsmengen 1 und 2 zusammenfasst, betragen demnach die Lagerkosten des Bedarfs 1 + die Lagerkosten des Bedarfs 2.

Die erste optimale Bestellmenge ist mit der Zusammenfassung der Bedarfsmengen 1-3 gefunden. Die Bereitstellung der Bedarfsmenge 4 zu Beginn der Periode 1 verursacht Lagerkosten, die bereits höher sind als die Bestellkosten.

Anschließend beginnt die Iteration mit der Bedarfsmenge der Periode 4 von neuem. Die zweite optimale Bestellmenge umfasst die Bedarfsmengen der Perioden 4-6, deren kumulierte Lagerkosten näher an den Bestellkosten liegen als die kumulierten Lagerkosten der Bedarfsmengen 4-7.

Die dritte optimale Bestellmenge wird die Bedarfsmengen 7-9 betragen.

Über die Bereitstellung der Bedarfsmenge der Periode 10 sollte erst entschieden werden, wenn Bedarfsmengen über die Perioden 11 ff. vorliegen.

3.2.2.3. Gleitendes Bestellmengenverfahren

Das gleitende Bestellmengenverfahren (es wird auch als part-period-Algorithmus bezeichnet) zählt wie das Kostenausgleichsverfahren zu den einfachen heuristischen Verfahren der dynamischen Bestellmengenplanung, die nicht den Anspruch erheben, die optimale Lösung zu finden.

Das gleitende Bestellmengenverfahren unterscheidet sich von dem Kostenausgleichsverfahren durch das Entscheidungskriterium:

Gesucht wird die Zusammenfassung von Bedarfsmengen zu einer Bestellmenge, die die geringsten relevanten Stückkosten aufweist.

Das gleitende Bestellmengenverfahren kann - im Gegensatz zum Kostenausgleichsverfahren - auch bestellmengenabhängige Einstandspreise berücksichtigen.

Im folgenden wird zunächst auf der Basis der für das Kostenausgleichsverfahren zugrundegelegten Annahmen die Vorgehensweise des gleitenden Bestellmengenverfahrens gezeigt, wenn der Einstandspreis unabhängig von der Bestellmenge ist:

Periode	Bedarf	Bestell-menge	kum. Lager-kosten der Bestell-menge	Bestellk. + kum. Lagerkosten der Bestell-menge	Bestellk. + kum. Lagerkosten pro Stck.
1	60	60	6	66	1,10
2	70	130	27	87	0,67
3	80	210	67	127	0,61
4	90	300	130	190	0,63
4	90	90	9	69	0,77
5	30	120	18	78	0,65
6	70	190	53	113	0,60
7	50	240	88	148	0,62
7	50	50	5	65	1,30
8	100	150	35	95	0,63
9	40	190	55	115	0,61
10	60	250	97	157	0,63

Sollen innerhalb des gleitenden Bestellmengenverfahrens bestellmengenabhängige Einstandskosten berücksichtigt werden, sind zwei Modifikationen in der Vorgehensweise nötig:

- die relevanten Stückkosten setzen sich zusammen aus
  a) Bestellkosten pro Stück
  b) Lagerkosten pro Stück und
  c) Einstandskosten pro Stück

- bei der Berechnung der Lagerkosten ist jeweils ein auf den entsprechenden Einstandspreis umgerechneter Lagerkostensatz anzuwenden.

Ergänzend zu den bisherigen Annahmen des Beispiels soll nun ein von der Bestellmenge abhängiger Einstandspreis gelten:

Einstandspreis	1:	50,- bis Bestellmenge 199 ME
Einstandspreis	2:	49,- ab Bestellmenge 200 ME
Lagerkostensatz	1:	50 * 0,2/50 = 0,200 DM pro ME und Woche
Lagerkostensatz	2:	49 * 0,2/50 = 0,196 DM pro ME und Woche

Nachfolgende Tabelle zeigt die modifizierte Vorgehensweise:

Bestell-menge	kumulierte Lagerkosten	Gesamtkosten der Bestell-menge	Gesamtkosten pro Stück
60	60*0,5*0,2=6	6+60+3000=3066	51,10
130	70*1,5*0,2+6=27	27+60+6500=6587	50,66
210	60*0,5*0,196 +70*1,5*0,196 +80*2,5*0,196 =65,66	65,66+60+10290 =10415,66	49,60
300	90*3,5*0,196 +65,66=127,40	127,40+60+14700 =14887,40	49,62
90	90*0,5*0,2=9	9+60+4500=4569	50,77
120	30*1,5*0,2 +9=18	18+60+6000=6078	50,65
190	70*2,5*0,2 +18=53	53+60+9500=9613	50,59
240	8,82+8,82+34,3 +34,3=86,24	86,24+60+11760 =11906,24	49,61
340	88,2+86,24 =174,44	174,44+60+16660 =16894,44	49,70

Da die Steigerung der Bestellmenge von 210 ME auf 300 ME bzw. von 240 ME auf 340 ME keine Ersparnisse bei den Einstandskosten pro ME verspricht, ist das Verhältnis der Steigerung der Lagerkosten zu den ersparten Bestellkosten entscheidend. Die Ersparnis bei den Bestellkosten wird durch die Steigerung bei den Lagerkosten überkompensiert - optimale erste Bestellmenge ist die Bestellmenge von 210 ME, optimale zweite Bestellmenge die Zusammenfassung der Bedarfsmengen 4-7.

Das gleitende Bestellmengenverfahren hat gegenüber dem Kostenausgleichsverfahren den Vorteil, daß es die Materialeinstandskosten als relevante Kostenart in die Rechnung einbeziehen kann.

Beiden gemeinsam ist, daß sie als heuristische Verfahren auch dann nicht den Anspruch erheben (können), "die" optimale Bestellmenge zu finden, wenn die Prämissen erfüllt sind.

Aus der Vielzahl der möglichen Bedarfszusammenfassungen werden nur kumulierte Bedarfsmengen zu Bestellmengen zusammengefasst. Die Alternative, die Bedarfsmenge 1 einzeln und die Bedarfsmengen 2 und 3 gemeinsam zu bestellen, wird ebensowenig auf ihre Kostenwirkungen überprüft wie die Bestellstrategie, die Bedarfsmengen 1 und 2 gemeinsam und 3 und 4 gemeinsam zu bestellen.

Bei n Teilperioden sind 2^{n-1} Bedarfszusammenfassungen möglich, von denen durch die kumulative Betrachtungsweise nur ein Bruchteil in den Vergleich eingeht: Im obigen Beispiel wurden von 2^{10-1} = 512 Alternativen nur 12 betrachtet!

3.2.2.4. Wagner-Within-Algorithmus

Der nach seinen Autoren benannte Wagner-Within-Algorithmus sucht die Bestellmengenkombination innerhalb eines fest vorgegebenen Planungszeitraums, die die geringsten Gesamtkosten verursacht.

Der Algorithmus ist ein Verfahren "systematischen Probierens", bei dem alle sinnvollen Bestellstrategien durch eine Vorwärts- und Rückwärtsrechnung miteinander verglichen werden.

Vorgehensweise:

Im Rahmen einer in die Zukunft blickenden Vorwärtsrechnung werden nacheinander die Kosten alternativer Bestellstrategien für den Bedarf der Periode 1, 1-2, 1-3, 1-4, usw. berechnet.

Wie bei den bereits gezeigten Modellen der dynamischen Bestellmengenrechnung wird jeweils die Frage gestellt, ob die Hinzunahme eines zukünftigen Bedarfs in eine betrachtete Bestellung sinnvoll ist.

So kann der Bedarf der Periode 4 so bestellt werden, daß er

- zusammen mit dem Bedarf der Periode 1 bereitgestellt wird, d.h. die Bedarfsmengen der Perioden 1-4 zu einer Bestellmenge zusammengefasst werden,
- zusammen mit dem Bedarf der Periode 2 bereitgestellt wird, d.h. die Bedarfsmenge der Periode 1 einzeln, die Mengen der Perioden 2-4 zu einer Bestellmenge zusammengefasst werden,
- zusammen mit dem Bedarf der Periode 3 bereitgestellt wird, d.h. die Bedarfsmengen der Perioden 1 und 2 einzeln oder gemeinsam bestellt werden, die Bedarfsmengen der Perioden 3-4 zusammengefasst werden,
- allein bestellt wird.

Die Anzahl der zu vergleichenden Bestellstrategien wird dadurch reduziert, daß jeweils auf die Ergebnisse der vorhergegangenen Optimierungen - Teilpolitiken - zurückgegriffen wird. Hat sich beispielsweise ergeben, daß die Zusammenfassung der Bedarfsmengen der Perioden 1-2 vorteilhaft, die der Perioden 1-3 jedoch nicht günstig ist, da die für die Lagerung der Bedarfsmenge 3 entstehenden Lagerkosten die Ersparnis bei den Bestellkosten übertreffen, kann bei der Betrachtung der Bedarfsmenge 4 eine Zusammenfassung mit den Bedarfsmengen 1 bis 3 vernachlässigt werden - für die Periode 1 und 2 wird die optimale Teilpolitik (Zusammenfassung zu einer Bestellmenge) vorläufig übernommen.

Die Vorgehensweise des Wagner-Within-Algorithmus verdeutlicht das in der nachfolgenden Tabelle abgebildete Beispiel:

Beispiel:

<u>Annahmen:</u>
Planungshorizont: 12 Monate
Teilperiode: 1 Monat
Lagerhaltungskosten: 12% des Lagerwerts pro Jahr
Einstandspreis des betrachteten Materials: 1 DM/Stück
Bestellkosten: 1oo DM pro Bestellung

Periode	1	2	3	4	5	6	7	8	9
Bedarfsmengen:	500	2000	800	3000	1000	3000	700	1000	1800

Periode	1	2	3	4	5	6	7	8	9	10	11	12
Lagerkosten der Bedarfsmenge pro Monat Lagerdauer	5	20	8	30	10	30	7	10	18	10	20	26

In den Feldern der nachfolgenden Tabelle ist jeweils die Summe aus Bestell- und Lagerkosten der Bestellstrategie angegeben, wenn die letzte Bestellmenge der Planungsperiode zu Beginn der jeweils betrachteten Periode eintrifft:

Z.	Periode.	1	2	3	4	5	6	7	8	9	10	11	12
12	1-12									692	696	688*	714
11	1-11								609	601*	631	649	
10	1-10						541	556	539*	551	601		
9	1-9				526 1)	541	496*	521	514 1)	536			
8	1-8				427*	460	433	476	487				
7	1-7				382*	425	408	461					
6	1-6				357,5*	407,5	397,5						
5	1-5	302,5	334,5	306,5	282,5*	362,5							
4	1-4	257,5*	299,5	281,5	267,5								
3	1-3	152,5*	224,5	236,5									
2	1-2	132,5*	212,5										
1	1	102,5*											

1) Vergleich:

514: 8-9 4-7 1-3	526: 4-9 1-3

Optimale Bestellmengen:

11 - 12
8 - 10
4 - 7
1 - 3

Die Rechnung beginnt in Zeile 1 mit einem Planungszeitraum von 1 Periode. Die Kosten der zugehörigen Strategie betragen bei einer mittleren Lagerdauer von 0,5 Monaten 2,5 DM + 100 DM.

In Zeile 2 wird der betrachtete Planungshorizont um 1 Periode erweitert. Der Wert im ersten Feld gibt an, welche Kosten anfallen, wenn die Bedarfsmengen der Perioden 1-2 gemeinsam in einer Bestellung beschafft und zu Beginn der Periode 1 bereitgestellt werden. Zu den Kosten, die für die Einzelbestellung und Lagerung des Bedarfs 1 anfallen würden, sind die Lagerhaltungskosten des Bedarfs 2 zu addieren, der in diesem Falle 1,5 Perioden lagern würde.

In Zeile 3 wird der Planungszeitraum von 3 Perioden betrachtet. Für die Bedarfsmengen der ersten 3 Perioden sind 4 Strategien möglich:

(1) 1-3, d.h. gemeinsame Bestellung der Bedarfsmengen 1-3 und Bereitstellung in Periode 1

(2) 1/2-3, d.h. Einzelbestellung des Bedarfs 1, gemeinsame Bestellung der Bedarfsmengen 2 und 3 und Bereitstellung in Periode 2

(3) 1-2/3, d.h. gemeinsame Bestellung der Bedarfsmengen 1 und 2, Einzelbestellung des Bedarfs 3 und Bereitstellung zu Beginn der Periode 3

(4) 1/2/3, d.h. Einzelbestellung der Bedarfsmengen und Bereitstellung jeweils zu Beginn der Perioden.

Die Strategie (4) wird bei der Gegenüberstellung der möglichen Bestellstrategien bei einem Planungszeitraum von 3 Perioden nicht mehr betrachtet. Bereits bei der Berechnung der Zeile 2 hat sich gezeigt, daß eine Zusammenfassung der Bedarfsmengen 1 und 2 geringere Kosten verursacht als die Einzelbestellung. Daraus folgt, daß die Strategie 1/2/3 mit Sicherheit höhere Kosten verursacht als die Strategie 1-2/3.

Beim Ausfüllen der Tabelle wird jeweils die für einen bestimmten Planungshorizont kostengünstigste Strategie mit einem * gekennzeichnet und in den nachfolgenden Rechenschritten als optimale Teilstrategie der Vorperioden verwendet. Dadurch reduzieren sich die pro Zeile zu vergleichenden Strategien von 2^{n-1} auf n Strategien. Das Beispiel zeigt,

- daß mit dieser Vorgehensweise zu einen ein im Vergleich zur vollständigen Enumeration erheblich geringerer Rechenaufwand erforderlich ist
- und zudem auf die Ergebnisse der vorigen Rechenschritte zurückgegriffen werden kann.. Dies soll am Beispiel des Bedarfs der Teilperiode 6 nochmals verdeutlicht werden.

Wird der Bedarf der Periode 6 so bestellt, daß er bereits in der Periode 5 bereitsteht (Spalte 5, Zeile 6), müssen in einem vollständigen Vorteilhaftigkeitsvergleich die folgenden Strategien betrachtet werden:

1-4/5-6
1-3/4/5-6
1-2/3-4/5-6
1/2-3/4/5-6
1/2-4/5-6

Alle diese Strategien haben gemeinsam, daß eine Bestellung für die Bedarfsmengen der Perioden 5 und 6 ausgelöst wird - für die Perioden 5 und 6 fallen demnach identische Bestell- und Lagerkosten an. Die Strategien unterscheiden sich also nur durch die Behandlung der Bedarfsmengen der Perioden 1-4 - die Kosten dieser Strategien finden sich in der Zeile 4. Dort wurde bereits festgestellt, daß die Zusammenfassung der Bedarfsmengen 1-4 die relativ geringsten Kosten verursacht. Es ist daher ausreichend, die Strategie 1-4/5-6 zu betrachten.

Bei der Berechnung der Kosten der Strategie 1-4/5-6 wird zurückgegriffen auf das Ergebnis der Strategie 1-4/5, das im Feld darunter ermittelt wurde. Zu den dort errechneten Kosten müssen nur noch die zusätzlich entstehenden Lagerkosten der Bedarfsmenge 6 bei einer Lagerdauer von 1,5 Monaten addiert werden.

Auf diese Art garantiert der Wagner-Within-Algorithmus die optimale Lösung für einen vorgegebenen Planungshorizont, ohne den Rechenaufwand der vollständigen Enumeration zu erfordern.

3.2.2.5. SELIM-Algorithmus

Der von TRUX entwickelte Selim-Algorithmus (SElektiv- und LIMes-Periode) legt zunächst nach bestimmten Kriterien eine vorläufige Bestellmenge fest, verändert diese dann systematisch und betrachtet die Veränderung der relevanten Kosten.

Im ersten Schritt des Algorithmus wird die Limesperiode ermittelt.

Diese Periode ist die äußerste Grenze für die Bevorratung der ersten Bestellmenge. Der kumulierte Bedarf bis zur Limesperiode bildet die maximale Höhe der Bestellmenge d.h. die Limesperiode stellt die Grenzperiode einer Bestellmenge dar, bis zu der einschließlich die Bedarfsmengen der Teilperiode maximal zu einer Bestellmenge zusammengefasst werden dürfen.

Einen Limes können verschiedene Sachverhalte begründen:

- ein sog. "externer Limes" liegt vor, wenn die Lagerdauer des Materials begrenzt ist,
- ein "Plan-Limes" ergibt sich durch den begrenzten Planungshorizont, so daß nur Bedarfsmengen bis zu diesem Plan-Limes bekannt sind und berücksichtigt werden können,
- ein "Kosten-Limes" liegt vor, wenn ein einzelner Periodenbedarf so groß ist, daß seine Bereitstellung in einer früheren Periode mehr Lagerkosten verursachen würde als Bestellkosten. Um einen eventuellen Kosten-Limes zu bestimmen, müssen die Lagerkosten der Bedarfsmengen der Teilperioden pro Periode bestimmt und den Bestellkosten gegenübergestellt werden.

Nachdem im ersten Schritt die maximale Eindeckungszeit für eine Bestellmenge festliegt, wird im zweiten Schritt des Algorithmus geprüft, ob es günstiger wäre, die Bedarfsmengen, die bis zur Limesperiode erwartet werden, durch zwei Bestellmengen anstelle durch eine zu decken. Damit stellt sich die Frage, ob die relevanten Kosten in dem Zeitraum zwischen Bestelltermin und Limesperiode durch eine weitere Bestellung vermindert werden können. Gegenüberzustellen sind zusätzliche Bestellkosten und ersparte Lagerkosten.

Von der Limesperiode ausgehend werden nun bis zur ersten Bedarfsperiode die Einsparungen bei den Lagerkosten mit den zusätzlichen Bestellkosten verglichen.

Die Periode mit der größten Nettoersparnis wird als Selektiv-Periode bezeichnet. Der kumulierte Bedarf bis zur Selektiv-Periode bestimmt die Höhe der optimalen ersten Bestellmenge und legt damit die Periode fest, in der eine zweite Bestellmenge eintreffen muß. Bleibt die Nettoersparnis negativ, ist eine weitere Bestellung innerhalb der Limesperiode nicht kostengünstig.

Weitere Bestellmengen bis zum Planungshorizont werden analog ermittelt. Ein Beispiel soll die Vorgehensweise des Selim-Algorithmus verdeutlichen:

Beispiel:

Für das Beispiel gelten die folgenden Annahmen:

Planungshorizont: 12 Monate
Teilperiode: 1 Monat
Einstandspreis des zu planenden Materials: 10 DM
Lagerhaltungskostensatz: 3% des Lagerwerts pro Monat
Bestellkosten: 70 DM pro Bestellung

Periode i	1	2	3	4	5	6	7	8	9	10	11	12
Bedarf B_i	20	10	30	70	30	20	20	60	20	30	20	60
Lagerkosten/M.	6	3	9	21	9	6	6	18	6	9	6	18

1	Vorz.dauer	0	1	2	3	4	5	6	7	8	9	10	11
2	Vorz.kosten	0	3	18	61	36	30	36	126				
3	restl.Lagerko.	54	51	42	21	12	6	0					
4	Ersparnis 1	0	51	84	63	48	30	0					
5	Ersparnis 2	0	3	18	61	36	30	36					
6	zus. Bestellko.	0	70	70	70	70	70	70					
7	Nettoersparnis		-16	32	54	14	10	24					
1	Vorz.dauer				0	1	2	3	4	5	6	7	8
2	Vorz.kosten				0	9	12	18	72				
3	rest.Lagerko.				21	12	6	0					
4	Ersparnis 1				0	12	12	0					
5	Ersparnis 2				0	9	12	18					
6	zus.Bestellko.				0	70	70	70					
7	Nettoersparnis				0	49	46	-52					
1	Vorz.dauer								0	1	2	3	4
2	Vorz.kosten								0	6	18	18	72
3	rest.Lagerko.								39	33	24	18	0
4	Ersparnis 1								0	33	48	54	0
5	Ersparnis 2								0	6	18	18	72
6	zus.Bestellko.								0	70	70	70	70
7	Nettoersparnis								0	-31	-4	2	2

Aus den Ergebnissen der Zeile 5 kann festgestellt werden, ob vor dem Plan-Limes, der durch den Planungshorizont determiniert ist, ein Kosten-Limes liegt. Hierzu werden die Lagerkosten errechnet, die für den Bedarf einer Teilperiode anfallen, wenn die Bereitstellung bereits in Periode 1 erfolgt. Diese sog. "Vorziehungskosten" ergeben sich aus dem Produkt aus Vorziehungsdauer und Lagerkosten des Bedarfs pro Monat. Bei der Berechnung der Vorziehungskosten vernachlässigt TRUX die durchschnittliche Lagerdauer von 0,5 Perioden der Bedarfsmengen im jeweiligen Bedarfsmonat, indem der Lagerabgang am Anfang der Bedarfsperiode angesetzt wird.

Wird beispielsweise der Bedarf der Periode 5 bereits in Periode 1 bereitgestellt, entstehen Vorziehungskosten von 4 Monaten * 9.- Lagerkosten/Monat. Der Vergleich der Vorziehungskosten mit den Bestellkosten zeigt, daß die Lagerkosten des Bedarfs der Teilperiode 8 die Bestellkosten übertreffen. Periode 8 bildet den Kosten-Limes. Daraus ergibt sich, daß die maximale erste Bestellmenge den kumulierten Bedarfsmengen der Perioden 1-7 entspricht.

In der zweiten Stufe des Selim-Algorithmus wird nun geprüft, ob die maximale Bestellmenge zugleich die optimale erste Bestellmenge der Planungsperiode ist.

Hierzu werden die durch eine zusätzliche Bestellmenge im Zeitraum Periode 1 bis Limes-Periode 7 anfallenden Bestellkosten verglichen mit der Ersparnis bei den Lagerkosten:

In Zeile 6 wird mit den sog. "restlichen Lagerkosten" die kumulierten Lagerkosten/Periode errechnet, die für die Folgeperioden i+1 bis Limesperiode 7 anfallen, wenn eine zweite Bestellung in der Periode i eintrifft; Die Bestimmung der "restlichen Lagerkosten" dient der Erleichterung der Errechnung der "Ersparnis 1", die die ersparten Lagerkosten als Verringerung der "Vorziehungskosten" angibt bei Eintreffen einer zweiten Bestellmenge in Periode i. Trifft die zweite Bestellmenge beispielsweise in Periode 4 ein, verringert sich die in Zeile 4 angegebene Vorziehungsdauer jeweils um 3 Perioden, demnach verringern sich die Vorziehungskosten um die jeweiligen Lagerkosten/Periode multiplizert mit 3.

In Zeile 7 wird mit der "Ersparnis 2" die entfallenden Vorziehungskosten der Bedarfsmenge angegeben, wenn die zweite Bestellmenge in der entsprechenden Periode eintrifft. Trifft die zweite Bestellmenge in Periode 4 ein, entfallen die Vorziehungskosten in Höhe von 61.- des Bedarfs der Periode 4.

In Zeile 8 wird die Summe der Ersparnisse 1+ 2 den zusätzlich entstehenden Bestellkosten gegenübergestellt. Die größte Netto-Ersparnis wird in Periode 4 erzielt. Diese stellt die Selektiv-Periode dar. Damit ist die erste optimale Bestellmenge des Planungszeitraums festgelegt; sie beträgt 60 ME, den kumulierten Bedarf der Perioden 1-3. Die zweite Bestellmenge muß in Periode 4 eintreffen. Ihre optimale Höhe wird in einem neuen "Durchgang " des Selim-Algorithmus festgelegt:

Die Ergebnisse der Vorziehungskosten in Zeile 2 weisen den Kosten-Limes als Periode 8 aus. Die maximale Höhe der zweiten Bestellmenge beträgt demnach 140 ME, die kumulierten Bedarfsmengen der Perioden 4-7.

Eine Selektiv-Periode kann für den Zeitraum Periode 4 - Periode 7 nicht festgestellt werden. Die durch eine zusätzliche Bestellung in diesem Zeitraum anfallenden Bestellkosten übersteigen die hierdurch ersparten Lagerkosten. Die maximale Bestellmenge ist daher als optimal zu betrachten. Die dritte Bestellung muß in dem betrachteten Planungszeitraum in Periode 8 eintreffen. Ihre optimale Höhe wird im dritten "Durchgang" des Selim-Algorithmus festgelegt:

Die maximale Höhe der dritten Bestellmenge beträgt 190 ME. Die Limes-Periode wird durch den Kosten-Limes gebildet, der hier zugleich der Plan-Limes ist. Die Selektiv-Periode kann als Periode 11 oder 12 festgelegt werden, so daß (sofern der Planungshorizont nicht im Rahmen einer rollenden Planung in die Zukunft verschoben wird) die vierte Bestellmenge in Periode 11 bzw. 12 eintreffen muß und die optimale dritte Bestellmenge 110 bzw. 130 ME beträgt.

3.2.3. Bestellzeitpunktplanung

Die Vorgehensweise der Bestellzeitpunktermittlung bei programmorientierter Bedarfsprognose wird bestimmt von der Qualität der Bedarfsprognose und den Schwankungen der Beschaffungszeit.

Ist die Bedarfsprognose sowohl mengenmäßig als auch terminlich von großer Genauigkeit und die Lieferzeit als determinitisch anzusehen, kann der Bestelltermin durch einfache Vorwärtsrechnung auf Basis eines Fabrikkalenders berechnet werden:

Wurden auf Basis eines dynamischen Bestellmengenmodells die wirtschaftlichen Bestellmengen für die Planungsperiode errechnet, liegen die gewünschten Anlieferungszeitpunkte fest. Die Bestellmenge muß zum frühesten Bedarfszeitpunkt der zusammengefassten Bedarfsmengen zur Verfügung stehen.

Der Bestelltermin wird so festgelegt, daß der Zeitraum zwischen Bestellung und Anlieferungstermin für die Bestellübermittlung, die Lieferzeit des Lieferanten und die Wareneingangskontrolle ausreicht.

Beispiel:

Die programmorientierte Bedarfsprognose hat die folgenden Bedarfswerte ergeben:

Teilperiode	1	2	3	4	5	6	7	8	9	10	11	12
Bedarf	50	100	90	40	100	80	50	120	60	70	100	50

Die Anwendung eines dynamischen Bestellmengenmodells ergibt die folgenden optimalen Bestellmengen:

Bedarfsmengen 1+2: 150
Bedarfsmengen 3+4: 130
Bedarfsmengen 5-7: 230
Bedarfsmengen 8-10: 250
Bedarfsmengen 11+12: 150

Bei einer Beschaffungszeit von 2 Wochen für Bestellübermittlung, Lieferzeit und Wareneingangskontrolle ist es erforderlich, die jeweiligen Bestellmengen zu Beginn der Wochen 26, 28, 30, 33 und 37 zu bestellen:

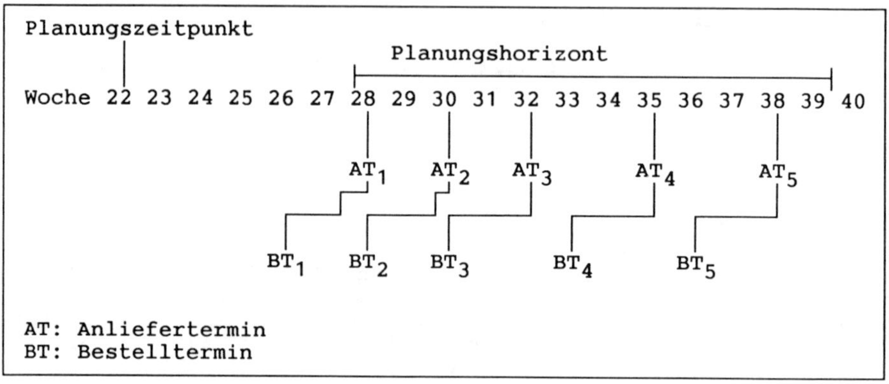

Abb. 37: Bestellzeitpunktplanung bei programmorientierter Disposition

Kann der geplante Bedarf mengenmäßig und terminlich als deterministisch angesehen werden, weist jedoch die Beschaffungszeit Schwankungen auf, kann die Lieferbreitschaft des Eingangslagers durch Berücksichtigung einer Sicherheitszeit verbessert werden.

In vielen Fällen kann jedoch der Bedarf auch bei programmorientierter Prognose nicht als deterministisch angesehen werden. Dies kann verschiedene Ursachen haben:

(1) Abweichungen von der geplanten Bedarfsmenge und/oder vom geplanten Bedarfstermin ergeben sich bei kurzfristigen Umstellungen des geplanten Fertigungsprogramms oder -ablaufs, auf die die Beschaffung nicht mehr reagieren kann.

(2) In die Stücklistenauflösung gehen nicht nur Bedarfsmengen ein, die unmittelbar von der Fertigungsmenge abhängig sind, sondern auch zufälliger Materialverbrauch wegen Ausschuß, Verderb und Schwund. Die Höhe und der Zeitpunkt dieses Zusatzbedarfs sowie der als Primärbedarf erwartete Zusatzbedarf an Zwischenprodukten kann nicht sicher prognostiziert werden.

(3) Die Methode der Vorlaufverschiebung zur Prognose von Bedarfszeitpunkten berücksichtigt jeweils durchschnittliche Fertigungszeiten auf den Fertigungs- oder Dispositionsstufen, die unter Umständen nicht eingehalten werden. Dadurch kommt es zu Verschiebungen der Bedarfszeitpunkte auf allen Fertigungsstufen.

Selbst bei der vergleichsweise genauen Bedarfsprognose durch Stücklistenauflösung kann demnach die Beschaffung zur Sicherung der Lieferbereitschaft nicht auf einen Sicherheitsbestand verzichten.

3.3. Bestellmengenplanung bei Sonderpreisen und Preiserhöhung

Die bisher dargestellten Modelle der Bestellmengenplanung nehmen im Planungszeitraum konstante Einstandspreise für das betrachtete Material an. Sie dienen der optimalen Gestaltung der Ausgleichsfunktion der Lagerhaltung.

Im folgenden Abschnitt wird die Annahme konstanter Einstandspreise aufgehoben. Betrachtet wird die Entscheidungssituation, in der für einen befristeten Zeitraum ein geringerer Einstandspreis für das betrachtete Material gilt (bei börsennotierten Rohstoffen oder aufgrund von Sonderaktionen des Lieferanten) bzw. der Entscheidungsträger mit einer Preissteigerung in der Zukunft rechnet.

Gilt die Preisänderung nur vorübergehend, ist eine nachhaltige Änderung der Bestellpolitik nicht sinnvoll. Vielmehr ist zu prüfen, ob eine **einmalige** größere Bestellmenge zu dem derzeit gültigen Einstandspreis zu einer Senkung der Kosten führt und welche optimale Höhe diese einmalige Bestellmenge mit **spekulativem Charakter** hat.

Ist mit einer nachhaltigen Preissteigerung zu rechnen, wird der Entscheidungsträger seine bisherige Bestellmenge senken, da die Lagerkosten eines Lagerbestandes steigen. Darüber hinaus kann berechnet werden, ob eine zusätzliche Bestellung zum noch gültigen Preis kostengünstig ist und welche Höhe eine solche spekulative Bestellmenge haben sollte.

Die Vorteilhaftigkeit und die optimale Höhe einer spekulativen Bestellmenge wird bestimmt durch das Verhältnis zwischen

- zusätzlich entstehenden Lagerkosten einerseits und den
- Ersparnissen bei den Bestellkosten und den
- Ersparnissen bei den Materialeinstandskosten andererseits.

Ersparnisse durch eine spekulative Bestellmenge entstehen außerdem bei den Fehlmengenkosten: Die einmalige hohe Bestellmenge reduziert die Bestellhäufigkeit in der Planungsperiode und damit die Fehlmengenwahrscheinlichkeit unter sonst gleichen Bedingungen.

Da die Wirkung auf die Fehlmengenkosten in der Regel nicht quantifizierbar ist, bleibt sie bei den nachfolgenden Überlegungen außer Betracht.

Im folgenden wird ein stationäres deterministisches Modell zur Bestimmung der optimalen Bestellmenge Q_s entwickelt.

Die Bestimmung der optimalen spekulativen Bestellmenge hat zum Ziel, die relevanten Gesamtkosten der Planungsperiode zu minimieren:

$$K = \underset{\text{p.a.}}{\text{Bestellkosten}} + \underset{\text{p.a.}}{\text{Lagerkosten}} + \underset{\text{p.a.}}{\text{Einstandskosten}} \rightarrow \text{min!}$$

$$K = \left(\frac{J}{Q_n} - \frac{Q_s}{Q_n}\right) * BK + 1*BK + (J-Q_s)*P_0 + Q_s*P_1$$

$$+ \frac{Q_n}{2} * P_0 * LHK * \frac{(J-Q_s)}{J} + \frac{Q_s}{2} * P_1 * LHK * \frac{Q_s}{J}$$

Q_n: normale Bestellmenge
Q_s: spekulative Bestellmenge
P_1: Einstandspreis vor Preiserhöhung bzw. niedrigerer Sonderpreis
P_0: Einstandspreis nach Preiserhöhung bzw. höherer Normalpreis
LHK: Lagerkostensatz p.a. in% des Lagerbestandswerts
BK: Bestellkosten pro Bestellung
J: Jahresbedarf

Die bei Verfolgung der normalen Bestellpolitik erreichte Bestellhäufigkeit wird um den Faktor Q_s/Q_n gemindert und um eine Bestellung erhöht. Die jährlichen Bestellkosten vermindern sich entsprechend.

Bei Realisierung einer Bestellung Q_s muß nicht der gesamte Jahresbedarf zu dem höheren Einstandspreis beschafft werden. Die jährlichen Materialeinstandskosten vermindern sich daher um den Faktor $(P_0-P_1)*Q_s$.

Die Lagerkosten in Abhängigkeit von dem durchschnittlichen Lagerbestandswert werden erhöht, da die spekulative Bestellmenge im Vergleich zur normalen Bestellmenge einen erhöhten Lagerbestand bewirkt:

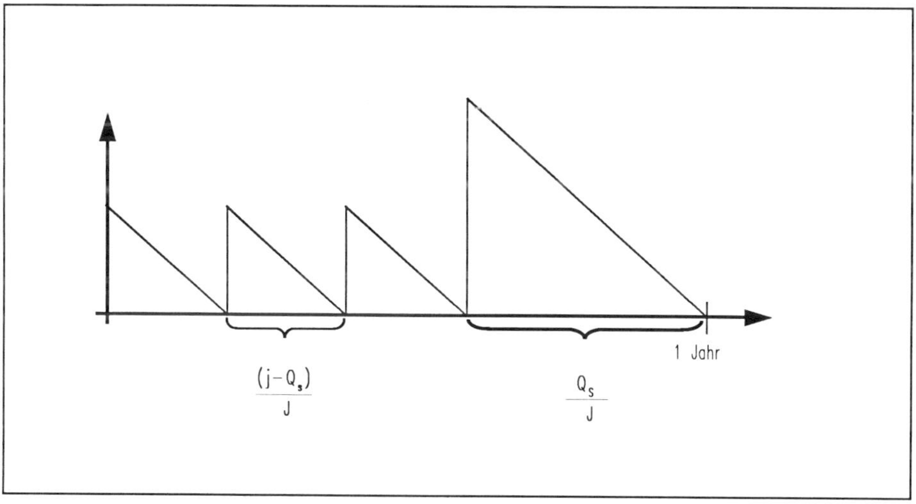

Abb. 38: Lagerbestandsverlauf bei spekulativer Bestellpolitik

Der durch die normale Bestellmenge verursachte Lagerbestandswert von $Q_n/2 * P_1$ liegt nur den Teil $(J-Q_s)/J$ am Lager, die übrige Zeit Q_s/J liegt der erhöhte Bestandswert $Q_s/2 * P_0$ am Lager.

Das Minimum der Kostenfunktion findet man durch Null-Setzen der 1. Ableitung und Auflösen der Gleichung nach Q_s:

$$\frac{dK}{dQ_s} = -\frac{BK}{Q_n} - P_0 + P_1 - \frac{Q_n*P_0*LHK}{2*J} + \frac{2*Q_s*P_1*LHK}{2*J} = 0$$

$$\frac{2*Q_s*P_1*LHK}{2*J} = P0 - P1 + \frac{BK}{Q_n} + \frac{Q_n*P_0*LHK}{2*J}$$

$$Q_{s/opt} = \frac{P_0*J}{P_1*LHK} - \frac{P_1*J}{P_1*LHK} + \frac{BK*J}{P_1*LHK*Q_n} + \frac{Q_n*P_0*LHK*J}{2*J*P1*LHK}$$

$$Q_{s/opt.} = \frac{J}{LHK} * \left(\frac{P_0}{P_1} - 1 + \frac{BK}{P_1 \cdot Q_n}\right) + \frac{Q_n}{2} * \frac{P_0}{P_1}$$

Beispiel:

Von dem Rohstoff X werden pro Monat regelmäßig 2.000 ME benötigt. Der Rohstoff wird in einem Bestellrhythmussystem disponiert.

Die Bestellkosten betragen 200 DM. Die Lagerkosten betragen 20% p.a. des durchschnittlichen Lagerwerts. Der bisherige Einstandspreis betrug 50 DM je ME.

Auf der Basis der bisherigen Bestimmungsfaktoren der relevanten Kosten wurde die optimale Bestellmenge errechnet:

$$Q_{opt} = \sqrt{\frac{2*2.000*12*200}{50*0,2}} = 980 \text{ ME}$$

Der Bestellrhythmus wurde daraufhin mit 0,5 Monaten festgelegt, es wird jeweils eine Bestellmenge von 1.000 ME bestellt. Eine vorübergehende Senkung des Einstandspreises auf 48.- empfiehlt die folgende Abweichung von der normalen Bevorratungspolitik:

Die normale Bevorratungspolitik verursacht jährliche Gesamtkosten in Höhe von:

Einstandskosten p.a.	12*2.000*50	=	1.200.000
Bestellkosten p.a.	24*200	=	4.800
Lagerkosten p.a.	500*50*0,2	=	5.000
Summe p.a.:			1.209.800

Mit der oben entwickelten Formel errechnet sich die optimale spekulative Bestellmenge von 6.021,2 ME.

Eine daraufhin gewählte einmalige Bestellmenge von 6.000 ME verursacht eine Kostensenkung von 7.250.- p.a. Mit der Bestellmenge von 6.000 ME wird im Vergleich zu alternativ betrachteten Bestellmengen in Höhe von 5.000 ME und 10.000 ME die höchste Ersparnis bei den jährlichen Gesamtkosten erzielt:

Q_S = 6.000 ME

Materialeinstandskosten p.a.:

(24.000 - 6.000) * 50 + 6.000*48 = 1.188.000

Bestellkosten p.a.:

$$\left(\frac{24.000}{1.000} - \frac{6.000}{1.000}\right) * 200 + 200 = 3.800$$

Lagerkosten p.a.:

$$\frac{1.000}{2} * 50*0{,}2 * \frac{24.000-6.000}{24.000} + \frac{6.000}{2} * 48*0{,}2 * \frac{6.000}{24.000} = 10.950$$

Gesamtkosten p.a.:

1.188.000 + 3.800 + 10.950 = 1.202.750

Q_S = 5.000 ME

Materialeinstandskosten p.a.:	1.190.000,00
Bestellkosten p.a.:	4.000,00
Lagerkosten p.a.:	8.958,30
Gesamtkosten p.a.:	1.202.958,30

Die im Vergleich zu der Bestellmenge von 6.000 ME um 208,30 höheren Kosten sind dadurch begründet, daß die Minderung bei den Lagerkosten durch die Steigerung bei den Bestell- und Einstandskosten überkompensiert wird.

Q_S = 10.000 ME

Materialeinstandskosten p.a.:	1.180.000,00
Bestellkosten p.a.:	3.000,00
Lagerkosten p.a.:	22.916,67
Gesamtkosten p.a.:	1.205.916,67

Die im Vergleich zur Bestellmenge von 6.000 ME um DM 3.166,67 erhöhten Kosten sind dadurch begründet, daß die Kostensenkung bei den Material- und Bestellkosten durch die Steigerung der Lagerkosten überkompensiert wird.

3.4. Einperiodische Bestellmengenplanung bei stochastischem Bedarf

Die bisher dargestellten Modelle der Bestellmengenplanung unterstellen, daß der Bedarf der Planungsperiode bzw. der Teilperiode genau bekannt ist. Aus den Ausführungen zur verbrauchsorientierten und programmorientierten Bedarfsplanung ist deutlich geworden, daß über die tatsächliche zukünftige Bedarfsmenge jedoch nie vollständige Sicherheit bestehen kann.

Der Ungewißheit über die Bedarfsmengen während der **Wiederbeschaffungszeit** kann dadurch Rechnung getragen werden, daß zur Sicherung des gewünschten Lieferbereitschaftsgrades ein Sicherheitsbestand gehalten wird, der bei der Bestimmung des Bestellzeitpunktes berücksichtigt wird.

Die Ungewißheit über die Bedarfsmengen im **Bestellintervall** ist unerheblich, wenn das Bestellsystem - wie das Bestellpunkt- und das Optionalsystem - auf unerwartete Bedarfsmengen durch eine Verlängerung bzw. Verkürzung des Bestellzyklus reagiert, der Bedarf kontinuierlich besteht und das betrachtete Material nicht verderblich ist. In diesem Falle führen unerwartet geringe Bedarfsmengen nicht zu wertlosen oder kostenverursachenden Restbeständen und unerwartet hohe Bedarfsmengen nicht zu Fehlmengen.

Eine schwierigere Situation entsteht dann, wenn in einer Planungsperiode nur eine Bestellung aufgegeben werden kann oder weitere Bestellungen nur zu erheblich schlechteren Konditionen möglich sind und/oder wenn Restbestände am Ende der Planungsperiode wertlos sind oder Vernichtungskosten verursachen. Eine solche Situation liegt vor bei

- landwirtschaftlichen Erzeugnissen mit einem Erntetermin,
- Ersatzteilen, die für Spezialmaschinen benötigt werden und mit der Fertigung der Anlage in Auftrag gegeben werden können,
- bei verderblichen oder saisonabhängigen Produkten und bei
- lagerfähigen und dauerhaft benötigten Materialien, die in einem Bestellrhythmussystem disponiert werden.

In dieser Entscheidungssituation hat eine falsche Bedarfsprognose entweder Fehlmengenkosten oder Restbestandskosten zur Folge. Die Berücksichtigung von Restbestands- und Fehlmengenkosten ist möglich, wenn eine Wahrscheinlichkeitsverteilung des Bedarfs ermittelt werden kann. Ein auf diese Entscheidungssituation angepasstes Modell der Bestellmengenplanung soll an einem Beispiel dargestellt werden:

Beispiel:

Ein chemischer Einsatzstoff kann nur einmal pro Periode beschafft werden. Aus den Lagerabgängen der Vergangenheit wurde die folgende Warscheinlichkeitsverteilung des Bedarfs abgeleitet.

Bedarf B	Wahrscheinlichkeit des Auftretens von B
100	0,02
110	0,06
120	0,15
130	0,20
140	0,25
150	0,15
160	0,10
170	0,05
180	0,02

Die Bedarfsmengen sind als Gruppenmittelwerte zu verstehen. In den jeweiligen Gruppen 95 bis 104, 105 bis 114 ... 175 bis 184 sind die Bedarfsmengen jeweils gleich verteilt.

Der Einsatzstoff verursacht Einstandskosten in HÖhe von 100.-; Restbestände am Ende der Planungsperiode sind aufgrund der Verderblichkeit des Materials nicht mehr einsatzfähig. Ihre Entsorgung verursacht Kosten in Höhe von 50,- je ME.

Fehlmengen des Materials können durch ein Substitutionsprodukt gedeckt werden. Das Substitutionsmaterial verursacht Kosten in Höhe von 130.- je ME.

Die Gesamtkosten der Planungsperiode sind eine Zufallsvariable, deren Ausprägung von der Zufallsvariablen Bedarfsmenge und der Entscheidungsvariablen Bestellmenge bestimmt wird.

Ermittelt werden soll im folgenden die Bestellmenge, die den Erwartungswert der Gesamtkosten minimiert.

Hierzu ist für alternative Bestellmengen zu errechnen:

- die Einstandskosten
- die Wahrscheinlichkeitsverteilung der Fehlmengenkosten
- die Wahrscheinlichkeitsverteilung der Restbestandskosten und daraus
- der Erwartungswert der Gesamtkosten als Funktion der Bestellmenge

Die Vorgehensweise sei am Beispiel der Bestellmenge 120 und 170 erläutert:

Beispiel:

<u>Bestellmenge: 120 ME</u>

- Einstandskosten: 120*100 = 12.000,-
- Restbestandskosten: Restbestände und damit Restbestandskosten entstehen, wenn der Bedarf kleiner ist als die Bestellmenge von 12o ME.
- Fehlmengenkosten: Fehlmengen und damit Fehlmengenkosten entstehen, wenn der Bedarf höher ist als die Bestellmenge von 12o ME.

In der folgenden Tabelle sind die möglichen Bedarfsmengen und ihre Kostenwirkungen zusammengestellt. Spalte 5 zeigt, daß die Kosten der Bestellmenge 12o ME eine Zufallsvariable ist mit den Eintrittswahrscheinlichkeiten der zugehörigen Bedarfsmengen:

Bedarf	Einstandspreis	Fehlmengenkosten	Restbestandskosten	Gesamtkosten	Wahrscheinscheinlichkeit
100	12.000		1.000	13.000	0,02
110	12.000		500	12.500	0,06
120	12.000			12.000	0,15
130	12.000	1.300		13.300	0,20
140	12.000	2.600		14.600	0,25
150	12.000	3.900		15.900	0,15
160	12.000	5.200		17.200	0,10
170	12.000	6.500		18.500	0,05
180	12.000	7.800		19.800	0,02

Erwartungswert der Gesamtkosten:
13.000 * 0,02 + 12.500 * 0,06 +... + 19.800 * 0,2 = 14.546

<u>Bestellmenge 170:</u>

- Einstandskosten 170 * 100 = 17.000,-
- Restbestandskosten: Restbestände und damit Restbestandskosten treten auf, wenn die Bedarfsmenge kleiner der Bestellmenge von 170 ME ist.
- Fehlmengenkosten: Fehlmengen und damit Fehlmengenkosten treten auf, wenn die Bedarfsmenge größer ist als die Bestellmenge von 170 ME.

Bedarf	Einstandspreis	Fehlmengenkosten	Restbestandskosten	Gesamtkosten	Wahrscheinscheinlichkeit
100	17.000		3.500	20.500	0,02
110	17.000		3.000	20.000	0,06
120	17.000		2.500	19.500	0,15
130	17.000		2.000	19.000	0,20
140	17.000		1.500	18.500	0,25
150	17.000		1.000	18.000	0,15
160	17.000		500	17.500	0,10
170	17.000			17.000	0,05
180	17.000	1.300		18.300	0,02

Erwartungswert der Gesamtkosten: 18.626.-

Die nachfolgende Tabelle zeigt die Erwartungswerte der relevanten Kostenarten im Überblick:

Bestell-menge	Einstands-kosten	Fehlmengen-kosten	Restbestands-kosten	Gesamt-kosten
100	10.000	4.966	0	14.966
110	11.000	3.692	10	14.702
120	12.000	2.496	50	14.546
130	13.000	1.395	165	14.560
140	14.000	604	350	14.954
150	15.000	338	720	16.058
160	16.000	117	1.135	17.252
170	17.000	26	1.600	18.626
180	18.000	0	2.090	20.090

Die optimale Bestellmenge beträgt 120 ME mit einem Erwartungswert der Kosten von 14.546.-.

4. Beschaffungsdisposition bei Einzel- und einsatzsynchroner Beschaffung

Fallweise Beschaffung zeichnet sich dadurch aus, daß die Beschaffungsaktivitäten erst ausgelöst werden, wenn ein Bedarf vorliegt. Dieses Materialbereitstellungsprinzip wird angewendet für Dienstleistungen und Betriebsmittel, die nur sporadisch in wechelnder Menge benötigt werden und für Rohstoffe und Bauteile, die nach Art und Qualität erst bestimmt werden können, wenn ein bestimmter Fertigungsauftrag vorliegt.

Die Beschaffungsdisposition wird bei Einzelbeschaffung immer programmorientiert durchgeführt, da der Bedarf aus Vergangenheitsaufschreibungen nicht abgeleitet werden kann.

Im Vergleich zu den Aufgaben der Beschaffungsdisposition bei Vorratsbeschaffung entfällt das Entscheidungsproblem Bestellmengenwahl, da bei Einzelbeschaffung jeweils nur die Bedarfsmenge als Beschaffungsmenge in Frage kommt.

Die Aufgaben der Beschaffungsdisposition beschränken sich bei Einzelbeschaffung daher auf:

- programmorientierte Materialbedarfsprognose nach Art, Qualität und Termin
- Suche und Wahl eines Lieferanten
- Bestellzeitpunktbestimmung in Abhängigkeit vom Bedarfszeitpunkt und der Beschaffungszeit

Die einsetzbaren Instrumente und Methoden der Beschaffungsdisposition unterscheiden sich dabei nicht von denen, die bei programmorientierter Disposition im Rahmen der Vorratsbeschaffung erläutert wurden.

Während bei der Vorratsbeschaffung Bedarfs- und Beschaffungsmengen nur bezogen auf längere Zeiträume (z.B. 1 Jahr) übereinstimmen, zeichnet sich die einsatzsynchrone Beschaffung dadurch aus, daß die Bedarfs- und Beschaffungsmengen auch bezogen auf sehr kurze Zeiträume (1 Tag oder Bruchteile davon) übereinstimmen. Die Lagerhaltung entfällt im Idealfall vollständig. Dadurch entfallen auch die Entscheidungen und Optimierungsprobleme der Ausgleichs-Spekulations- und Sicherheitslagerhaltung.

Die Aufgaben der Beschaffungsdisposition beschränken sich auf die Materialbedarfsprognose und die Übermittlung von Bedarfsmengen und -zeitpunkten zum Lieferanten. Da die Beschaffungsmenge jeweils der Bedarfsmenge eines Zeitpunktes entspricht, weist die Beschaffungsdisposition hinsichtlich der Bestellmengenentscheidung keine Freiheitsgrade auf. Auch eine Lieferantenwahl entfällt auf der dispositiven Ebene, da eine einsatzsynchrone Beschaffung langfristige Kontrakte mit Stammlieferanten voraussetzt.

Die Genauigkeit der Materialbedarfsprognose ist bei einsatzsynchroner Beschaffung von höchster Bedeutung, da mengenmäßig oder terminlich falsche Bedarfsprognosen sich unmittelbar auf die Fertigung niederschlagen und dort erhebliche Fehlmengenkosten verursachen bzw. Lagerprobleme aufwerfen.

Die Forderung nach möglichst präziser Materialbedarfsprognose schließt eine verbrauchsorientierte Prognose aus. Jedoch garantiert auch eine programmorientierte Prognose keine Sicherheit über künftige Bedarfsmengen und -termine. Insbesondere kurzfristige Korrekturen des Fertigungsprogramms oder -ablaufs sind neben stochastischen Bestimmungsfaktoren des Bedarfs (wie Schwund und Verderb) und der ungenauen Berücksichtigung von Durchlaufzeiten die Ursache für Abweichungen zwischen geplanten und tatsächlichen Bedarfen.

Die Gefahr falscher Bedarfsvorhersagen durch Veränderungen des Fertigungsprogramms oder -ablaufs ist umso größer, je frühzeitiger die Prognose durchgeführt wird, d.h. je länger der Planungshorizont ist.

Werden die Bedarfsprognose und die Übermittlung von Bedarfsmengen und -terminen an den Lieferanten jedoch erst zu einem Zeitpunkt durchgeführt, zu dem das Fertigungsprogramm und der Fertigungsablauf feststehen, ist die dem Lieferanten zur Verfügung stehende Zeit bis zum gewünschten Anlieferungszeitpunkt unter Umständen so knapp, daß er gezwungen ist, hohe Lagerbestände zu halten, um seinen Lieferverpflichtungen termingerecht nachkommen zu können. Der durch die Realisierung der einsatzsynchronen Bereitstellung erwünschte Rationalisierungseffekt tritt in diesem Falle nicht in vollem Umfange bzw. nur beim Abnehmer ein, der die Lagerhaltung auf den Lieferanten überwälzt.

Eine Abstimmung der Fertigung des Lieferanten auf den Bedarf des Abnehmers wird möglich, wenn der Abnehmer den Lieferanten möglichst frühzeitig über Bedarfsmengen und -termine informiert. Um eine frühzeitige Festlegung des Fertigungsprogramms und -ablaufs beim Abnehmer zu verhindern, kann die Bedarfsplanung und -übermittlung im Sinne einer rollierenden Planung durchgeführt werden:

Bei der rollierenden Planung wird ein längerfristiger Rahmenplan aufgestellt und in Teilabschnitte aufgeteilt. Während für den ersten Teilabschnitt ein Detailplan erstellt wird, werden für die restlichen Teilabschnitte lediglich Grobplanungen vorgenommen. Mit fortschreitender Planerfüllung wird die Grobplanung in eine Detailplanung umgewandelt, in der neue Informationen berücksichtigt werden können. Zugleich erfolgt eine Anpassung der Grobplanung an den Planungshorizont, indem diese um den bereits realisierten Teilabschnitt verlängert wird.

Erfolgt die programmorientierte Bedarfsplanung und -übermittlung in einem solchen revolvierenden System, wird zunächst eine ausschließlich mengenorientierte Bedarfsplanung durchgeführt, die aus dem (vorläufig) geplanten Fertigungsprogramm abgeleitet wird. Diese Bedarfsplanung wird in regelmäßigen Abständen überprüft und Änderungen dem Lieferanten übermittelt. Eine verbindliche Mengen- und Terminplanung des Bedarfs erfolgt nur für den nächstliegenden Teilabschnitt der Planungsperiode - Fertigungsprogramm und -ablauf können dann nicht mehr geändert werden.

5. Angebotsvergleich und Lieferantenbewertung

Entscheidungsprobleme der Lieferantenwahl treten auf der operativen Ebene der Beschaffung nur dann auf, wenn auf der strategischen Ebene keine langfristigen Kontrakte mit Stammlieferanten abgeschlossen wurden bzw. keine präzisen Vorgaben über Bedarfssplitting gemacht wurden.

Auf der operativen Planungsebene kann sich der Vergleich darauf beschränken, die potentiellen Lieferanten dahingehend zu vergleichen, in welchem Maße sie geeignet sind, zur Erfüllung des materialwirtschaftlichen Optimums beizutragen. Dabei können die auf der strategischen Planungsebene ebenfalls relevanten Entscheidungskriterien Lieferantenmacht und Eignung des Lieferanten zu gemeinsamer Forschung und Entwicklung oder Wertanalyse vernachlässigt werden.

Der Vergleich potentieller Lieferanten kann sich methodisch auf einen Angebotsvergleich oder ein Punktbewertungsverfahren stützen, die sich durch Art und Anzahl der zugrundegelegten Entscheidungskriterien und den erforderlichen Aufwand unterscheiden.

Der Angebotsvergleich beschränkt sich beim Vergleich potentieller Lieferanten auf Merkmale, deren Wirkung auf die Kosten der Bereitstellung unmittelbar ersichtlich ist. Kriterium der Bestimmung des optimalen Lieferanten ist der minimale Einstandspreis.

Zu berücksichtigen sind beim Angebotsvergleich neben dem Angebotspreis die unterschiedlichen Lieferungs- und Zahlungsbedingungen, soweit ihre Wirkung auf die direkten Materialkosten unmittelbar erkennbar sind. Im einzelnen handelt es sich dabei um:

- Angebotspreis
- Mindermengenzuschlag bzw. Mengenrabatt
- Bonus
- Fracht- Transport- und Versicherungskosten
- Skonto- bzw. Finanzierungskosten

Die Zusammenstellung der zu berücksichtigenden Lieferantenmerkmale zeigt, daß der Einstandspreis der potentiellen Lieferanten nur bestimmt werden kann, wenn Entscheidungen über die Bestellmenge, den Transportweg und das Transportmittel, die Versicherung und den Zahlungszeitpunkt vorliegen.

Der Angebotsvergleich beinhaltet demnach Vergleichsrechnungen zur Bestimmung der optimalen Bestellmenge, des optimalen Zahlungszeitpunkts, der optimalen Versicherung und der optimalen Transportalternative.

Beispiel:

Angebot A:

Angebotspreis: 650.-
Mindestbestellmenge: 100 Stück
Mengenrabatt bei mind. 250 Stück: 5%
bei mind. 500 Stück: 10%
Der Angebotspreis enthält Verpackung und den Transport zur nächstgelegenen Bahnstation.
Zahlungsbedingungen: Bei Erhalt der Rechung mit 3% Skonto oder innerhalb von 30 Tagen rein netto

Angebot B:

Angebotspreis: 640.-
Mindestbestellmenge: 200 Stück
Mengenrabatt ab mind. 400 Stück 12%
Der Angebotspreis versteht sich als Lieferung frei Haus.
Eine Selbstabholung durch den Kunden ist nicht möglich.
Als Verpackungskosten werden pauschal 500.- je Lieferung berechnet.
Zahlungsbedingungen: Innerhalb von 30 Tagen rein netto.

Informationen über interne Kosten:

Lagerkosten: 20% p.a. des durchschnittlichen Lagerbestandswertes. Es kann ein gleichmäßiger Lagerabgang unterstellt werden.Der Jahresbedarf beträgt 1.000 Stück.

Bestellkosten: 200.- je Bestellung

Der Transport von der 50 km entfernt gelegenen Bahnstation zum Wareneingangslager kann vom eigenen Fuhrpark durchgeführt werden, der nicht voll ausgelastet ist. Die Selbstkosten des Fuhrparks betragen 5.- je km. Darin enthalten sind fixe Gemeinkosten in Höhe von 3.- je km. Der LKW hat eine Ladekapazität von 500 Stück.

Ein ortsansässiger Spediteur bietet den Transport für 2,50 DM je km an.

Eine Nachfrage des Einkaufs bei der Finanzabteilung ergibt, daß die Liquiditätssituation es zulässt, Skonto auszunutzen, sofern es vorteilhaft erscheint. Der Vergleichszinssatz wird mit 12% p.a. angegeben.

Die Berechnung der optimalen Bestellmenge nach dem Andler-Modell ergibt eine optimale Bestellmenge von ca. 56 Stück für Angebot A und B. Daraus ergibt sich, daß der Angebotsvergleich die Mindestbestellmenge und die Rabattmindestmengen gegenüberstellen muß. Andere Bestellmengen sind nicht wirtschaftlich.

Die Ergebnisse des Angebotsvergleichs sind in den nachfolgenden Übersichten dargestellt.

Zur Berechnung der Bestellkosten p.a. wurde die Bestellhäufigkeit in Abhängigkeit von der berachteten Bestellmenge multipliziert mit den Bestellkosten pro Bestellung. Bei der Berechnung der Lagerkosten p.a. wurde die Formel

$$\frac{\text{Bestellmenge}}{2} \cdot (\text{Angebotspreis - Rabatt - Skonto}) \cdot 20\%$$

verwendet.

Die Berechnung der Transportkosten basiert auf der Entscheidung, den eigenen Fuhrpark einzusetzen, der pro Lieferung eine Strecke von 100 km zurücklegt und dabei variable Kosten in Höhe von DM 2,- je km verursacht.

	Angebot A bei Bestellmenge		
	100 Stück	250 Stück	500 Stück
Angebotspreis	650.000,-	650.000.-	650.000,-
- Rabatt	-	-32.500,-	-65.000,-
- Skonto	-19.500,-	-18.525,-	-17.550,-
+ Bestellkosten	+ 2.000.-	+ 800,-	+ 400,-
+ Lagerkosten	+ 6.500,-	+14.974,25	+28.372,50
+ Transportkosten	+ 2.000,-	+ 800,-	+ 400,-
+ Verpackungskosten			
= Materialeinstandskosten p.a.	641.000,-	615.549,25	+596.622,50

	Angebot B bei Bestellmenge 200 Stück	Angebot B bei Bestellmenge 400 Stück
Angebotspreis	640.000	640.000
- Rabatt	-	76.800
- Skonto	-	-
+ Verpackung	+ 2.500	+ 1.250
+ Bestellkosten	+ 1.000	+ 500
+ Lagerkosten	+ 12.800	+ 22.528
+ Transportkosten	-	-
= Materialeinstandskosten p.a.	656.300	587.480

Das kostengünstigste Angebot ist demnach Angebot B bei einer Bestellmenge von 400 Stück.

Ein Vergleich potentieller Lieferanten auf Basis des Einstandspreises ist ausreichend, wenn die Lieferanten keine Unterschiede bezüglich der übrigen Leistungsmerkmale aufweisen oder die Leistungsunterschiede von geringfügiger Bedeutung sind.

So kann beispielsweise ein Unterschied in der Zuverlässigkeit der Einhaltung von Lieferzeiten durch einen entsprechenden Sicherheitsbestand ausgeglichen werden, der bei geringwertigen Produkten nur geringe zusätzliche Lagerkosten verursacht.

In den Fällen, in denen Leistungsunterschiede in der Beschaffung oder anderen Funktionsbereichen - insb. Fertigung oder Absatz - (Opportunitäts-)Kosten verursachen bzw. sparen, sind diese im Rahmen der Lieferantenbewertung zu berücksichtigen.

Da die Leistungsunterschiede häufig qualitativer Natur sind und nicht oder nur mit erheblichem Aufwand als Kostenunterschiede quantifizierbar sind, werden die Leistungsmerkmale in einem Punktbewertungsverfahren (Nutzwertanalyse) zunächst in Punktwerte und anschließend - gewichtet nach ihrer relativen Bedeutung - in dimensionslose Nutzenwerte transformiert, die pro Lieferant addiert werden können, um den optimalen Lieferanten zu bestimmen.

Das Punktbewertungsverfahren wird in 4 Schritten durchgeführt:

(1) Für alle Beurteilungskriterien wird ein Mindestniveau festgelegt. In die weitere Betrachtung werden nur die Anbieter einbezogen, deren Eigenschaftsprofil bei allen Merkmalen mindestens dem Anforderungsprofil entspricht.

(2) Die Ausprägungen der Beurteilungskriterien werden mit Punktwerten belegt, die die Qualität der Erfüllung quantifizieren

und die verschiedenen Dimensionen der Entscheidungskriterien vereinheitlichen.

(3) Jedes Beurteilungskriterium wird mit einem Gewichtungsfaktor entsprechend seiner relativen Bedeutung versehen. Die Punktwerte der Merkmalsausprägungen werden mit dem Gewichtungsfaktor multipliziert; der gewichtete Punktwert wird auch als Teilnutzenwert bezeichnet. Er spiegelt den Beitrag des Leistungsmerkmals zur Zielerreichung wider. Als dimensionslose Nutzenkennziffer können die gewichteten Punktwerte im nächsten Schritt zu einer Gesamtbewertung des Lieferanten geführt werden.

(4) Für jeden Anbieter wird die Summe der gewichteten Punktwerte (Teilnutzenwerte) gebildet. Der Anbieter mit dem höchsten kumulierten Nutzenwert ist der optimale.

Das Vorgehen der Nutzwertanalyse und die bei den einzelnen Schritten auftretenden Probleme wurden bereits im Abschnitt III., 3.2. erläutert und anhand eines Beispiels demonstriert.

Die Ergebnisse des Angebotsvergleichs können als Leistungsmerkmal in das Punktbewertungsverfahren eingehen oder dem Ergebnis des Punktbewertungsverfahrens gegenübergestellt werden.

6. Kennzahlen in der Beschaffung

6.1. Arten und Funktionen von Kennzahlen

Kennzahlen entstehen allgemein durch die sinnvolle Kombination statistischer Daten; sie informieren in konzentrierter Form über zahlenmäßig erfassbare inner- oder außerbetriebliche Sachverhalte.

Kennzahlen sind absolute oder in Relation gesetzte Größen (mit nicht notwendigerweise der gleichen Dimension), die es ermöglichen, Schwachstellen zu erkennen, den Erfolg der Beschaffungsdisposition zu kontrollieren und Soll-Vorgaben für die Zukunft zu bilden.

Kennzahlen können nach der Art ihrer Bildung und hinsichtlich ihres zeitlichen Bezugs unterschieden werden:

Vergangenheitsorientierte Kennzahlen bilden Tatbestände vergangener Perioden ab. Sie dienen der Erfolgskontrolle, unterstützen Analysen der Ursachen aktueller Probleme und weisen auf Schwachstellen hin.

Gegenwartsbezogene Kennzahlen bilden den Ist-Zustand des Unternehmens oder gegenwärtige außerbetriebliche Zustände ab. Sie erlangen Bedeutung durch den Vergleich mit dem ursprünglich geplanten Soll und dem Ist vergangener Perioden. Ebenso wie die vergangenheitsorientierten Kennzahlen dienen sie demnach der Erfolgskontrolle und Ursachenanalyse soweit sie sich inhaltlich auf innerbetriebliche Zustände beziehen. Gegenwartsbezogene Kennzahlen zur Abbildung der Bedeutung des Beschaffungsobjektes und der Kostensituation sind als Entscheidungshilfe einsetzbar. Als Frühwarnsignale können sie im Vergleich zu zukunftsorientierten Kennzahlen mit Prognosecharakter dienen, wenn sie sich auf außerbetriebliche Tatbestände beziehen.

Zukunftsorientierte Kennzahlen haben Plan- bzw. Prognosecharakter, indem sie erwartete oder angestrebte innerbetriebliche Tatbestände festlegen, die als Ziele den entsprechenden Bereichen vorgegeben werden und außerbetriebliche Zustände antizipieren.

Bezüglich der Bildung von Kennzahlen lassen sich absolute und Verhältniszahlen unterscheiden:

Absolute Zahlen können auf Mengen- oder Wertgrößen basieren und als

- Meßzahlen (z.B. Lagerbestandswert)
- Summen (z.B. Jahreseinkaufsvolumen gesamt)
- Differenzen (z.B. Kostenveränderungen)
- Mittelwerte (z.B. durchschnittlicher Bestellwert)

erhoben werden.

Bei der Bildung von Verhältniszahlen werden zwei absolute Zahlen, die einen bestimmten sachlichen Zusammenhang aufweisen, zueinander in Beziehung gesetzt. Hierbei lassen sich unterscheiden:

(1) Gliederungszahlen

Bei der Bildung von Gliederungszahlen werden gleichartige Größen, die sich auf den selben Zeitraum beziehen, zueinander in Beziehung gesetzt, wobei im Zähler eine Teilmenge, im Nenner die entsprechende Gesamtmenge steht. Dadurch wird die Teilmenge in Prozent der Gesamtmenge ausgedrückt: z.B. Anteil der Lagerkosten an den gesamten Beschaffungskosten.

(2) Beziehungszahlen

Bei der Bildung von Beziehungszahlen werden wesensverschiedene Zahlen, die in einem sinnvollen sachlichen Zusammenhang stehen und sich auf den gleichen Zeitraum beziehen, zueinander in Beziehung gesetzt: z.B. Kosten pro Bestellvorgang.

(3) Indexzahlen

Bei der Bildung von Indexzahlen werden im Zähler und Nenner gleichartige und gleichrangige Größen, die sich auf unterschiedliche Zeitpunkte oder -räume beziehen, zueinander in Beziehung gesetzt. Durch die Bildung von Indexzahlen kann die zeitliche Entwicklung eines Sachverhalts beobachtet werden. Dabei setzt man den Wert eines bestimmten Basisjahres gleich 100 und bezieht die entsprechenden Daten der Folgejahre hierauf. Indexzahlen sind vor allem für die Beobachtung von Einstandspreisen, Lagerbeständen und Kosten von Bedeutung.

$$\frac{\text{durchschnittlicher Kupferpreis je Tonne 1987} * 100}{\text{durchschn. Kupferpreis je Tonne 1988}}$$

Kennzahlen	
absolute Zahlen	Verhältniszahlen
– Meßzahlen – Summen – Differenzen – Mittelwerte	– Gliederungszahlen – Beziehungszahlen – Indexzahlen

Abb. 39: Kennzahlenarten

Kennzahlen können in allen Phasen des Planungsprozesses genutzt werden:

- Kennzahlen operationalisieren die Ziele, die bestimmten Verantwortungsbereichen und deren Mitarbeitern vorgegeben werden (Kennzahlen als Vorgabeinstrument)
- Kennzahlen unterstützen die operativen und strategischen Entscheidungen durch die Bereitstellung verdichteter Informationen über Lieferanten, Preisentwicklungen am Beschaffungsmarkt etc. (Kennzahlen als Entscheidungshilfe)
- Kennzahlen dienen der Erfolgskontrolle, indem die geplanten Werte, die Sollwerte, mit den tatsächlich erreichten Werten, den Ist-Werten verglichen werden (Kennzahlen als Kontrollinstrument)
- Kennzahlen unterstützen die Analyse der Ursachen von Soll-Ist-Abweichungen, beobachten inner- und außerbetriebliche Entwick-

lungen und geben Hinweise auf Schwachstellen (Kennzahlen als Analyseinstrument)

Während Kennzahlen zur Zielvorgabe und -kontrolle permanent und stellenbezogen ermittelt und interpretiert werden, werden Kennzahlen zur Analyse von Abweichungen, Strukturen und Entwicklungen fallweise und problembezogen eingesetzt.

Funktionen von Kennzahlen			
Entscheidungs-hilfe	Vorgabe-instrument	Kontroll-instrument	Analyse-instrument

Abb. 40: Funktionen von Kennzahlen

6.2. Bildung und Interpretation von Kennzahlen

Bei der Bildung von Kennzahlen sollten einige Prinzipien beachtet werden:

- eine Kennzahl kann nur dann sinnvoll gebildet und interpretiert werden, wenn der abzubildende Sachverhalt direkt oder indirekt über geeignete Indikatoren quantifiziert werden kann.
- Kennzahlen sollten nur dann gebildet werden, wenn ein vertretbares Kosten-Nutzen-Verhältnis vorliegt. Dieses wird bestimmt von dem Aufwand, der mit der Kennzahlenermittlung und der Schaffung der Voraussetzungen der Ermittlung einerseits verbunden ist und von den Problemen bzw. Rationalisierungspotentialen, die in dem von der Kennzahl abgebildeten Bereich vermutet werden.
- Eine Kennzahl kann nur dann sinnvoll gebildet und ausgewertet werden, wenn die benötigten Daten aktuell verfügbar sind und bei der Kennzahlenermittlung keine die Interpretation beeinflussenden Fehler auftreten können.

In Theorie und Praxis ist eine Fülle aussagefähiger Kennzahlen bekannt. Die meisten Kennzahlen werden nicht nur zur Zielvorgabe und -kontrolle oder nur als Entscheidungshilfe oder nur zu Analysezwecken eingesetzt, sondern sind jeweils in mehreren Phasen des Planungsprozesses verwendbar, so daß eine Strukturierung der Kennzahlen nach ihrer Funktion nicht überschneidungsfrei möglich ist.

Im folgenden werden einige häufig eingesetzte Kennzahlen und deren mögliche Funktionen genannt. Die meisten Kennzahlen sind bereits aus den bisherigen Ausführungen bekannt, so daß hier nur noch ein zusammenfassender Überblick gegeben werden soll.

(1) Bedarfskennzahlen

Mittelwert des Bedarfs:	$M_i = \dfrac{B_i+B_{i-1}+B_{i-2}+\ldots+B_{i-(n-1)}}{n}$
Mittlere absolute Abweichung	$MAD = \dfrac{1}{n}\,\Sigma\,(B_i-M_i)$
kumulierter Prognosefehler	$\Sigma\,(B_i-M_i)$

Funktionen:

- Mittelwert und MAD dienen unmittelbar der verbrauchsorientierten Bedarfsprognose,
- ein Zeitvergleich der Mittelwerte und das Kontrollsignal dienen der Kontrolle und Unterstützung der Prognosemethoden- und Parameterwahl,
- Mittlere Abweichung des Bedarfs geht unmittelbar als Parameter in die Sicherheitsbestandsbestimmung bei verbrauchsorientierter Disposition ein.

(2) Lagerkennzahlen

Lieferbereitschaft	$\frac{\text{Anzahl der termingerecht befriedigten Materialanforderungen}}{\text{Geamtzahl der Materialanforderungen}}$ * 100
Lagerreichweite	$\frac{\text{Lagerbestand + offene Bestellungen}}{\text{geplanter Verbrauch je Periode}}$ * 100
Umschlagshäufigkeit	$\frac{\text{Jahresverbrauch}}{\text{durchschn. Lagerbestand}}$
Lagerdauer in Tagen	$\frac{\text{Anzahl Tage der Periode}}{\text{Umschlaghäufigkeit}}$ oder $\frac{\text{Bestand * 360 oder 240 Tage}}{\text{Abgänge}}$
durchschnittlicher Lagerbestand in ME oder DM	

Funktionen:

- Beobachtung der Entwicklung der Materialbestände mit dem Ziel der Kostenkontrolle und Sicherung der Versorgung
- Schwachstellenanalyse und Wirtschaftlichkeitskontrolle im Lagerbereich,
- Entscheidungshilfe bei Wahl des Dispositionsverfahrens, der Lagertechnik und -einrichtung, des Bestellsystems.

(3) Lieferantenkennzahlen

durchschnittliche Lieferzeit
Terminzuverlässigkeit: durchschnittliche Abweichungen der tatsächlichen von der zugesagten Lieferzeit
Qualitätszuverlässigkeit: Anteil Lieferungen ohne Beanstandungen an der Gesamtzahl der Lieferungen

Funktionen:

- Entscheidungshilfe bei Lieferantenwahl und Beschaffungsprogrammpolitik
- Informationsgrundlage für kontrakt- und preispolitische Verhandlungen,
- Parameter bei der Bestimmung des Sicherheitsbestands

Der Funktion, als Kontroll- und Analyseinstrument zu dienen, können Kennzahlen erst gerecht werden, wenn sie entsprechenden Vergleichsgrößen gegenübergestellt werden.

Ein Kennzahlenvergleich kann durchgeführt werden als:

(1) **Soll-Ist-Vergleich**

Der Soll-Ist-Vergleich stellt Plan-Daten den tatsächlich erreichten Ist-Werten gegenüber. Er dient zum einen der Erfolgskontrolle und regt im Anschluß an eine Analyse der Ursachen für Abweichungen eine Korrektur der künftigen Ziele oder Maßnahmen zur Beseitigung der Ursachen für die Abweichungen an.

(2) **Zeitvergleich**

Der Zeitvergleich stellt Istwerte verschiedener Planungsperioden gegenüber. Er ist ein wichtiges Instrument zur Beobachtung von innerbetrieblichen und außerbetrieblichen Entwicklungen. Der Zeitvergleich kann unter Umständen auch zur Erfolgskontrolle verwendet werden, wenn keine Sollwerte verfügbar sind.

Indexzahlen liefern einen Zeitvergleich unmittelbar.

(3) **Zwischenbetrieblicher Vergleich**

Der zwischenbetriebliche Vergleich stellt Kennzahlen mehrerer Unternehmensbereiche oder Unternehmen gegenüber. Er soll Stärken und Schwächen des betrachteten Unternehmens gegenüber anderen Unternehmen mit ähnlichen Verhältnissen offenlegen und einen Maßstab zur Beurteilung von Kennzahlen liefern.

6.3. Probleme und Grenzen der Anwendung von Kennzahlen

Die Probleme und Grenzen der Bildung und Auswertung von Kennzahlen in der Beschaffung werden bereits deutlich, wenn man die bei der Bildung von Kennzahlen zu beachtenden Grundsätze näher betrachtet:

- Ein Problem besteht in der Beurteilung des zu erwartenden Kosten-Nutzen-Verhältnisses einer Kennzahl. Besonders schwierig gestaltet sich die Quantifizierung des gewünschten bzw. geschätzten Nutzens. Hier stellt sich die Frage, welche Verbesserungen erhofft werden und welchen Anteil die Kennzahleinführung an eintretenden Verbesserungen hat.

- Die Präsenz und Auswertbarkeit benötigter Basisdaten ist als weiteres - häufig EDV-bedingtes - Problem zu nennen. In der Regel sind die notwendigen Basisdaten zwar vorhanden, jedoch durch die bisherigen betrieblichen Anforderungen in einer Art gespeichert, die einen direkten, schnellen und wenig arbeitsintensiven Zugriff nicht ermöglicht. Dadurch kann die Bildung aussagefähiger Kennzahlen erheblich verzögert oder unmöglich werden.

Als weitere Schwachstellen der Anwendung von Kennzahlen zur Erfolgskontrolle und Analyse sind zu nennen:

- Es existieren keine allgemeingültigen Normgrößen für Kennzahlen; vielmehr stehen allenfalls aus Betriebs- oder Zeitvergleichen gewonnene Richtwerte zur Verfügung. Daraus ergibt sich das Problem der richtigen Interpretation von Kennzahlen und der richtigen Schlußfolgerungen (Entscheidungen) aus dieser Interpretation.
- Bei der Bildung und Auswertung von Kennzahlen werden unter Umständen Fehler gemacht, die den Zielbeitrag daraus abgeleiteter Entscheidungen in Frage stellen. Eine potentielle Fehlerquelle kann in der Bildung und Auswertung von Kennzahlen bestehen, die nicht aussagekräftig sind, da sie auf zeitlich nicht aktuellen Daten oder auf ungenauen Basisdaten beruhen.

Ein weiteres Problem ist darin zu sehen, daß richtig gebildete Kennzahlen falsch interpretiert werden, indem sie zur Analyse von Sachverhalten herangezogen werden, für die sie an sich keine Aussagekraft haben oder indem ihre Bedeutung falsch eingeschätzt wird.

Weiterführende Literatur

Bloech, J., Cordts, J., Frank, W., Wegener, H.: Materialwirtschaft - Vorträge des Arbeitskreises Materialwirtschaft im Rahmen des 37.Dt. Betriebswirtschafter-Tages in Berlin. Thun 1985

Bornemann, H.: Bestände - Controlling. Wiesbaden 1986

Bornemann, H.: Controlling im Einkauf. Wiesbaden 1986

Ehrenberg, A. S. C.: Statistik oder der Umgang mit Daten. Weinheim 1986

Frank, W.: Überwachungssysteme zur Planun und Kontrolle im Bereich der Materialwirtschaft, "Angewandte Planung", Jg. 1977, Bd.1, S. 9-21

Grochla, E./Fieten, R./Puhlmann, M./Vahle, M.: Erfolgsorientierte Materialwirtschaft durch Kennzahlen, Leitfaden zur Steuerung und Analyse der Materialwirtschaft, Baden-Baden 1983

Keune, P.: Verfahren der Materialdisposition in der Fertigung und im Einkauf, Eschborn 1985

Krycha, K. T.: Materialwirtschaft, München 1986

Olivier, G.: Material- und Teildisposition: Die mathematischen Methoden für ein Programmsystem, Bonn 1977

Stahlmann, V.: Umweltorientierte Materialwirtschaft - Das Optimierungskonzept für Ressourcen, Recycling, Rendite. Wiesbaden 1988

Stark, H.: Beschaffungsplanung und Budgetierung, 2. Aufl., Wiesbaden 1987

Tanew, G.: Controlling in der Materialwirtschaft, Planung, Steuerung und Messung des materialwirtschaftlichen Erfolgs, in: "Zeitschrift Interne Revision", 14. Jg. 1979, Heft 4, S. 215-226

Tempelmeier, H.: Material-Logistik: Quantitative Grundlagen der Materialbedarfs- und Losgrößenplanung, Heidelberg 1988

Sachregister